大数据智慧管理与分析之技术和实践

——从数据仓库/OLAP到NoSQL和NewSQL

朱 焱 编著

西南交通大学出版社
·成 都·

图书在版编目（CIP）数据

大数据智慧管理与分析之技术和实践：从数据仓库/OLAP 到 NoSQL 和 NewSQL / 朱焱编著. —成都：西南交通大学出版社，2019.8

ISBN 978-7-5643-7076-3

Ⅰ. ①大… Ⅱ. ①朱… Ⅲ. ①数据库系统 Ⅳ. ①TP311.13

中国版本图书馆 CIP 数据核字（2019）第 179111 号

Dashuju Zhihui Guanli yu Fenxi zhi Jishu he Shijian

大数据智慧管理与分析之技术和实践

——从数据仓库/OLAP 到 NoSQL 和 NewSQL

朱焱　编著

责任编辑	李华宇
封面设计	何东琳设计工作室
出版发行	西南交通大学出版社 （四川省成都市金牛区二环路北一段 111 号 西南交通大学创新大厦 21 楼）
发行部电话	028-87600564　028-87600533
邮政编码	610031
网　　址	http://www.xnjdcbs.com
印　　刷	四川煤田地质制图印刷厂
成品尺寸	170 mm × 230 mm
印　　张	14.5
字　　数	242 千
版　　次	2019 年 8 月第 1 版
印　　次	2019 年 8 月第 1 次
书　　号	ISBN 978-7-5643-7076-3
定　　价	68.00 元

前　言

1. 编写的背景

首先，基于大数据的互联网电子商务、智能交通系统、大数据金融、智慧城市等渗透进我们生活的各个层面，已经从“概念”走向了“价值”和“应用”。为了理解、分析和研究大数据，有效地掌握和应用大数据关键技术，撰写一本讨论大数据智慧管理和分析的核心概念、技术要领、技术关联和实现机制的书是迫切需要的。

其次，人们希望学习和掌握如何在近真实的应用环境中运用关键技术，如何建设大数据管理与分析环境，研发大数据基础系统，从而从理论和实践两个方面更好地理解和使用大数据技术。从而能有效地解决实践中的问题，推动应用领域快速向前发展。因此，一本涵盖这些内容的书是喜闻乐见的。

最后，大数据覆盖了结构化、半结构化和非结构化数据类型，发展出了 5V、6V 甚至是 7V 特点。大数据技术从关系型数据库和数据仓库技术发展到现在的非关系数据管理技术，如 NoSQL 和 NewSQL。新发展的 NoSQL 和 NewSQL 技术与关系数据管理与海量数据仓库技术有着相辅相成、继承再发展的关系。沿着这条“继承再发展”脉络讨论大数据智慧管理和分析是新颖的和十分必要的。

2. 本书的特点

编著本书历时 4 年，具有较大的挑战性：

其一，大数据技术的发展十分迅速，新的技术、技术组合和应用领域不断涌现，现有的技术不断更新和完善。著作内容应体现技术的发展和新颖性。

其二，大数据智慧管理和分析技术不仅继承了成熟丰富的结构化数据管理技术的优势，还继承了海量数据智慧管理与分析计算（数据仓库）的技术优势和先进思路，而且正站在这些“巨人”的肩膀上，逐步发展出能应对大数据新特点、新挑战、较全面和完善的技术体系。整个技术体系、架构和机制具有相当的深度和广度。因此，著作内容应具有继承性。

其三，大数据与互联网、分布式架构、数据分析、故障恢复等技术紧密相关，技术间相互作用，技术集成产出功能十分复杂。因此，著作内容应涵盖技术的关联性。

其四，要理解、掌握和运用大数据智慧管理与分析技术，理论联系实际是关键途径。但目前阐述这些技术及其在应用中如何发挥作用的相关内容还较零散，不够具体和全面。因此，著作内容必须具有实践性。

作者力图通过翔实的内容、清晰的层次、重点突出的阐述、丰富的案例讨论、形象生动的图表，以及具体的应用实例来解释枯燥的技术原理，从而达到使读者易读、易懂、易使用的目标。

3. 要点、作用与适用面

作者在查阅、分析和研究文献资料的基础上，介绍了大数据智慧管理与分析技术的历史沿革和最新发展；总结了大数据的5V特点和技术挑战；重点讨论了大数据智慧管理与分析技术对关系数据模型、海量数据仓库机制与OLAP分析技术的继承与发展。本书聚焦数据仓库、Hive和HBase三大技术，重点阐述了基本概念、数据模型、技术原理、实现平台环境；厘清并归纳总结了相关核心技术；分析了技术特点、技术之间的重要关联和技术集成的优势；深入讨论了三大技术在实践应用中的实现；针对海量数据管理、NoSQL和NewSQL实践项目开发给予详细、有效、可行的指导。本书示范了如何应用数据仓库、Hive和HBase三大技术完成不同的实践应用的全过程，从而突出了理论与实践相结合的特点。

希望读者通过阅读本书，能了解数据仓库、NewSQL、NoSQL技术的发展和技术特点；能学习掌握数据仓库机制/OLAP分析、Hive和HBase等大数据管理和智慧分析的技术原理、功能、架构和实践应用；厘清各个关键技术的相互关系、优势与不足，了解技术集成与所解决的问题。特别是能在本书的指导下，掌握开发基于Hive和HBase大数据管理和分析的应用，提高数据管理、分析和应用的能力。

本书既可面向具有计算机科学、数据科学、IT专业知识的技术人员、研发者和学习大数据知识与技术的研究生与本科学生，作为他们学习掌握大数据智慧管理和分析技术、践行理论联系实际的参考用书或教材；也适用于从事大数据工作的非专业领域人士，包括经济分析、交通大数据管理与分析、医疗健康大数据管理及分析等领域。本书给出了完整的应用示例作为技术运用的参考，为上述人士，特别是非专业技术人员提供了较好的帮助。

作者采用全英语讲授的“数据仓库与数据挖掘”是一门备受学生欢迎的课程，是正在开展的“计算机科学与技术全英文研究生专业建设”的重要课程之一。大数据管理与分析也是本科教学内容的深化，是许多教学改革项目的支撑。作者通过10多年相关的科学研究、项目研发和教学，以及对学生进行硕士论文和课内外实践项目的指导，对大数据管理与分析有了较深的领悟，同时积累了知识和经验，践行了关键技术和项目的开发，从而为编著本书创造了很好的条件。

4. 本书的主要内容

本书由两大部分组成，第一部分是技术篇，重点介绍大数据发展的特点和面临的挑战，讨论了经典的海量数据智慧管理与分析技术——数据仓库和 OLAP；介绍了大数据、分布式、并行计算环境下，数据智慧管理技术的新发展——NoSQL 数据库和 NewSQL 数据仓库；重点阐述了这两大新技术的基本数据模型、系统架构和性能优势；重点对比了 OldSQL（经典关系数据模型）与 NoSQL 数据库（HBase）、关系数据仓库与 NewSQL 数据仓库（Hive）的技术异同和优劣势；讨论了这些技术的组合集成方案、组合技术的优势以及实际应用案例。第二部分是实践应用篇，分别从关系数据仓库建设与 OLAP 分析、基于 Hive 的数据仓库技术与 OLAP 应用、HBase 大数据管理技术实践三个方面进行了详细阐述；根据相关技术原理和应用需求，详细讨论了基于 Hadoop 的环境配置、大数据管理模型建立与实现；着重给出了应用三大关键技术构建大数据智慧管理与分析系统、开发实践项目的指导内容。全书采取由概念到技术、理论到实践的顺序编写。

第一部分技术篇：

第 1 章介绍了大数据的发展与影响，以及 5V 特点，简要讨论了大数据的应用，分析了对大数据技术的误解，简要阐述了大数据形态与关系数据模型在基本原理和管理机制上的异同。

第 2 章介绍了大数据的生命周期，分析了大数据面临的技术挑战和应对挑战的策略与方法。

第 3 章分析讨论了关系数据模型在大数据管理的局限性，阐述了面向大数据特点的技术革新，讨论了 NoSQL 中几个关键技术的原理和特点。

第 4 章重点介绍列式数据管理技术，讨论了 HBase 的数据模型和集群架构等，分析了 HBase 的作用与局限。

第 5 章首先讨论了数据仓库建模与 OLAP 分析技术，由此引出 NewSQL 数据仓库——Hive 技术。重点讨论了 Hive 的数据模型和系统结构，基于 Hive 的 OLAP 功能，分析了 Hive 与其他技术的比较与集成。

第 6 章阐述了新老技术的继承与发展关系，讨论了技术组合的作用，分析了相关案例。

第二部分实践应用篇：

第 7 章重点讨论了面向大数据的数据仓库建模和实现，示范了一个基于 ROALP 数据仓库技术的海量数据管理应用与基于 OLAP 技术的数据分析。

第 8 章重点讨论了 Hive 技术及其实践项目开发。针对大数据 5V 特点，设计与实现了一个基于 Hive 数据仓库技术的大数据管理与分析示范系统。该系统包括基于 Hadoop 平台的应用环境搭建、参数设置、基于 HQL 的 OLAP 分析计算，以及分析结果可视化展示。

第 9 章着力于讨论 NoSQL 家族中的 HBase 技术如何与实践相结合，设计与实现了一个基于 HBase 列式数据库技术的大数据管理示范系统。该系统包括分布式 Hadoop 平台的搭建和组件配置、HBase 数据库设计与实现、数据访问功能与结果可视化展示。

5. 致　谢

本书的编写工作得到了四川省科技计划项目（No. 2019YFSY0032）的支持。西南交通大学“扬华学者”计划和研究生院对作者的教学改革与实践给予了大力支持，从而促成了本书的编著。再者，衷心感谢西南交通大学出版社对本书的出版所给予的帮助。

作者在繁重的教学、科研和学生指导培养工作中，能完成本书的编著，离不开亲人们的照顾、扶持和帮助，在此向亲人们表达深深的谢意。

全书由朱焱编著。陶霄、颜仕雄、杜强、张人之、何欢实现并优化了第二部分实践应用篇中的示范性实例系统。限于作者的水平和时间，书中难免存在不当之处，恳请读者及专家批评指正。

朱　焱

2019 年 6 月于成都

目　录

技术篇
基于 NoSQL 和 NewSQL 新技术的大数据管理与分析

实践应用篇
大数据智慧管理与分析之实践指南

技术篇

基于 NoSQL 和 NewSQL 新技术的大数据管理与分析

第 1 章　大数据及其特点

【本章要点】

✧ 大数据的定义与 5V 特点
✧ 大数据的应用场景
✧ 对大数据的误解
✧ CAP 理论与 BASE

1.1　大数据时代当前的状态

大数据（海量数据的全面升级版）已经成为风靡全世界的 IT（信息技术）新领域，毫不夸张地说，我们已经进入了一个大数据时代。Kantar Media CIC 每年都会通过一张信息图整理出中国互联网发展的数据。图 1.1 展示了 2017 年中国社交媒体、电子商务、共享经济等领域的大数据爆炸式增长。

类似地，图 1.2 展示了 2017 年短短 60 s 内，美国主要互联网公司产生的数据量。

在大数据时代，商务与科技人士对大数据及其发展的认知是十分积极的[1]。IBM（国际商业机器公司）调查了来自 70 个国家的 900 个商务和 IT 经理，这些商务领导者认为大数据带来的效应是[2]：

（1）他们基于数据进行绝大多数的决策的可能性增加到 166%。

（2）以数据分析为职业发展道路的可能性提升了 2.2 倍。

（3）他们在使用来自数据分析的关键价值资源方面增长了 75%。

（4）他们中 80%的人要衡量大数据对分析投资的影响力。

（5）他们中 85%的人拥有这样或那样的共享大数据分析资源。

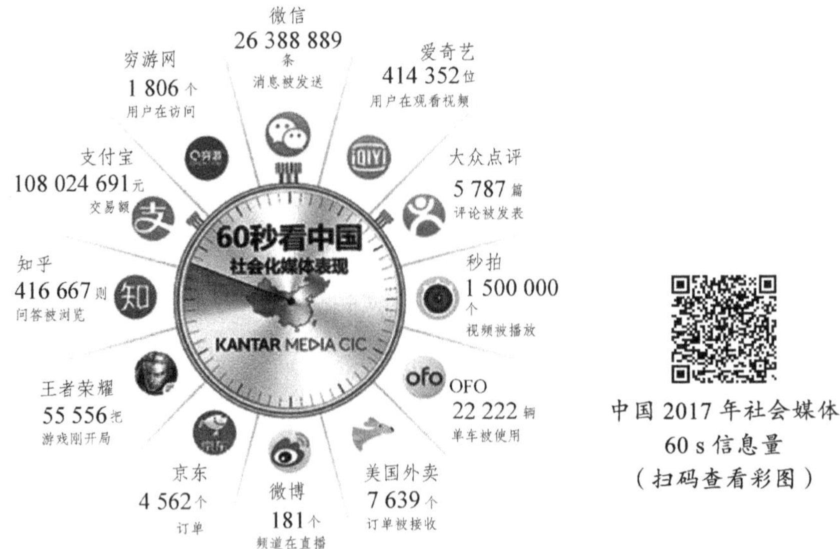

中国 2017 年社会媒体
60 s 信息量
（扫码查看彩图）

图 1.1　Kantar Media CIC 发布的 2017 年中国社会媒体 60 s 信息量①

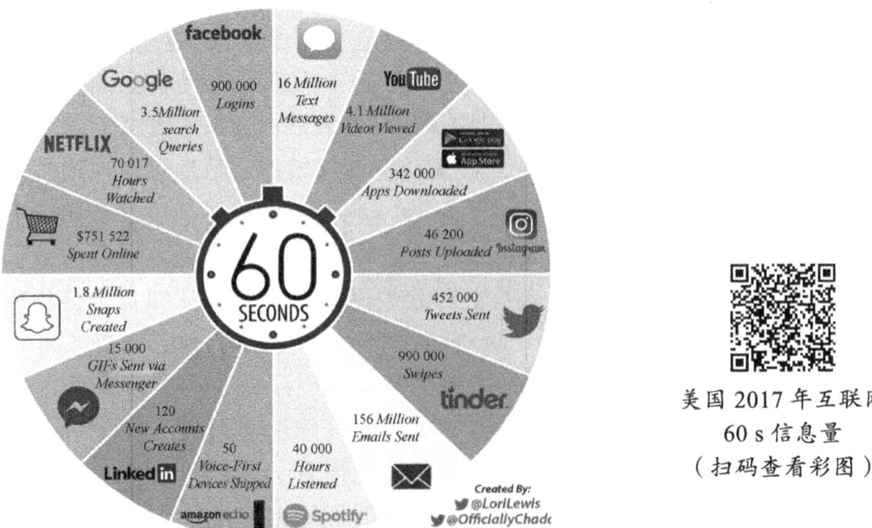

美国 2017 年互联网
60 s 信息量
（扫码查看彩图）

图 1.2　美国 2017 年互联网 60 s 内的信息生成量

---

① Kantar Media CIC（中国社会化商业资讯提供商）2017 年发布。http://www.ciccorporate.com/index.php?option=com_content&view= article& id=1379%3Akantar-media-cic-released-2017-every-60-seconds-in-china-infographic-big-data-for-understanding-chinese-social-media&catid=112%3AarcHives-2017&Itemid=223&lang=zh（2018-07-18 可访问）

TEK 系统针对大数据调查了 2 000 多名 IT 专业人士和 1 500 多名 IT 领导，得到了以下的统计数据[2]：

（1）90%的 IT 领导者和 84%的 IT 专家相信在大数据上投入时间、金钱和资源是值得的。

（2）14%的 IT 领导者认为，在他们的组织中大数据的概念会经常应用。

（3）66%的 IT 领导者和 53%的 IT 专家报告，他们的数据存储在完全不同的系统中。

（4）60% 的 IT 领导者和 53%的 IT 专家报告，他们的组织缺少对数据质量的责任感。

（5）多于 50%的 IT 领导者质疑他们的数据的有效性。

（6）81%的 IT 领导者认为他们的组织缺少必需的专业人员，这些人应该能计划、建设和执行大数据行动。

1.2　大数据定义与特点

1.2.1　什么是“大数据”（Big Data）？

按照全球最具权威的 IT 研究与顾问咨询公司 Gartner 的定义[3]，数据是海量、高增长率和多样化的信息资产，它需要性价比高并具有创新性的处理模式，才能具有更强的决策力、洞察力和流程自动化。在 Gartner Group 的定义中首次定义了大数据 3V 的特点。

大数据包含三类数据：无结构化数据、结构化数据、半结构化数据。无结构化数据是指数据没有预定义的结构、类型、模式或数据模型等，如 PDF、email、文本式数据。网页的 HTML 数据虽然有标签，但只是用于面向浏览器的文档显示样式渲染，并没有捕捉、存储和自动处理信息内容的功能，所以仍然是无结构化的。结构化数据是数据具有预先定义的符合规则的结构、类型和模式等，具有可处理、存储、使用的元数据信息，如传统的关系数据库数据。半结构化数据具有很有限的结构、数据类型或模式定义，如 XML。

1.2.2　大数据的 5V 特点

大数据的 5V 特点是 IBM 提出的，分别是数据量（Volume）、多样性

（Variety）、高速（Velocity）、价值（Value）和真实性（Veracity），具体要点如图 1.3 所示。

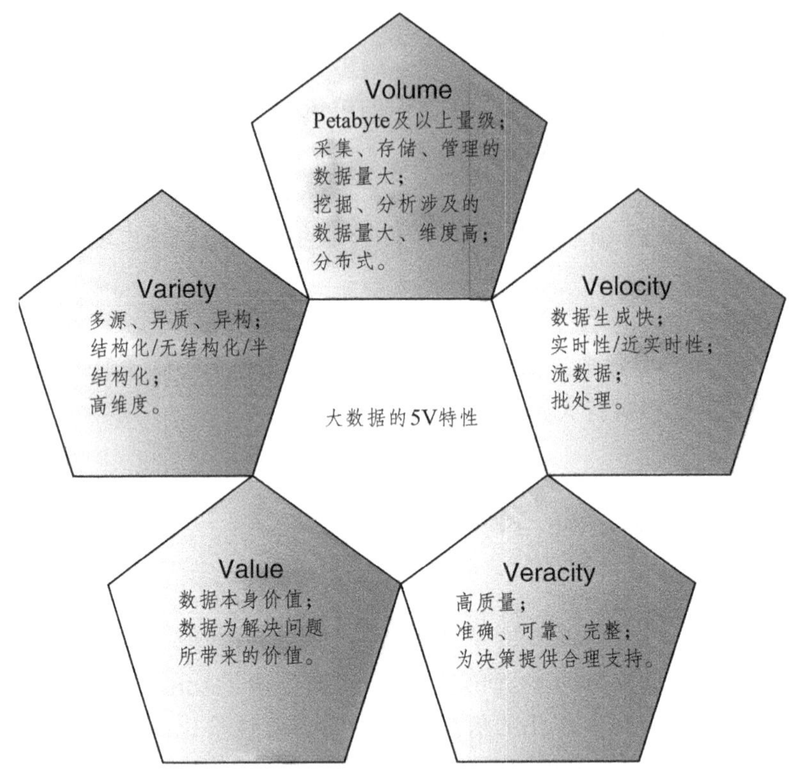

图 1.3 大数据的 5V 特性和具体要点

（1）Volume：表示数据量巨大，包括数据采集、存储和计算的量都非常大。大数据的起始计量单位至少是 PB（1 000 个 TB）、EB（100 万个 TB）或 ZB（10 亿个 TB）级别。

（2）Variety：数据的来源、类型、格式、语义等是多种多样的，具有多源异质异构性。80%的大数据是半结构化和非结构化的，例如：网络日志、社交网络平台数据、网页文件、电子商务交易数据、设备传感器数据、音频、视频、图片、地理位置信息等。多源异质异构数据对处理能力提出了更高的要求。

（3）Velocity：数据增长速度快，I/O 速度快，从而要求数据处理速度要快，时效性高。例如：天气大数据的动态性，提出了快速处理要求；“双十一”电商平台对高速增长的交易数据管理和处理；以毫秒级速率产生的各种传感器数据；等等。

（4）Value：数据应被用于解决特定的问题或完成特定的任务，因此对大数据本身及其带来的价值要求高。大数据具有巨量性，但原始未加工的数据因其量大而杂乱稀释了本身的价值；大数据的巨量性也造成了数据挖掘算法的低效，甚至失效，挖掘出的结果并未带来期望的价值，不能满足各类应用对大数据大价值的要求，这也是大数据的特点和挑战。

（5）Veracity：大数据质量不高，体现在准确性、可靠性、完整性等方面的挑战。因为期望从大数据中获得决策，所以需要高质量的大数据。

现在大数据的 5V 特性又被扩展为 6V、7V 等。其中可视化（Visualization）作为大数据所呈现出的特点比较勉强，但作为理解大数据的基本处理要求是迫在眉睫的，因为可视化技术是大数据分析最直观、易懂，也是最理想的方法。这是对信息的一种新的阅读和理解方式。

1.3　沃尔玛应用大数据的案例

沃尔玛（Walmart Inc）开始使用大数据的时间甚至早于这个词汇享誉整个业界。2012 年沃尔玛已将 10 个节点的 Hadoop 平台集群升级到了 250 个节点，同时将存放在 Oracle，Netezza 和 Greenplum 硬件上的数据迁移到其自己的系统上，目标是将 10 个不同网站集成为一个网站，以便在新的 Hadoop 集群上存放所有新产生和流入的数据。

沃尔玛的实验室研发了许多大数据工具，如 Social Genome，ShoppyCat 和 Get on the Shelf。

按照资料[4]的介绍，Social Genome 等大数据分析工具，能够分析百万至十几亿的 Facebook 信息、推文、YouTube 视频、博文等，使得沃尔玛可以与在网络上提到某类商品的顾客或顾客的朋友们联系，告知他们特定的商品信息，包括降价等。这个软件工具组合了来源于万维网的公开数据、社交数据和个人专有数据，如顾客购买数据和合同信息。这样便构建了一个巨大的、持续变化和更新的知识库，库中管理了上亿的实体和关系，从而使得分析师和决策者能更好地理解顾客在线表达的上下文。例如，一位女士定期在推特上讨论电影，当她某次发推说“我喜欢盐”时，沃尔玛能够理解她正在谈论著名的好莱坞电影“盐”（Salt，中文翻译为“特工绍特”），而不是调味料“盐”。

沃尔玛在研发 Social Genome 时遇到了几个技术挑战。首当其冲的是如大水倾泻般流进集群的数据量，以及输入进来的数据速度。由于通常的 MapReduce 框架无法应对这样的数据量和速度，他们开发了名为 Muppet 的工具，可以实时处理所有集群节点上的数据并同时完成多个分析，Muppet 现在已经开源。

1.4 其他应用实例

1.4.1 教育领域[5]

教育领域充满了海量数据，这些数据与学生、院系、课程、培养成果等密切相关。正确地研究分析这些数据，可以洞察教育规律，提高教书育人质量和教育工作的有效性。例如，大数据分析在以下几个方面可以发挥巨大作用：

（1）个性化和动态学习。基于学生的学习历史可以为每个学生创建个性化的学习程序和模式，从而提高学生的学习成果。

（2）教学材料再组织。通过分析大数据再构造或组织教学材料。这些数据来源于学生喜欢学习什么内容，实时监测到的课程哪些部分更容易理解等。

（3）成绩系统。通过分析学生数据改进成绩分析等系统。

（4）事业预测。通过正确地分析研究每个学生的记录，可以帮助理解学生的进步、强项与弱项、兴趣等，从而帮助确定哪些事业对学生的未来是最合适的。

真实的应用：阿拉巴马大学有 38 000 名学生和海量数据。大学管理者能够使用大数据分析和可视化技术，获取学生学业相关的模式，从而改革大学的运作、招生、毕业或留级工作。

大数据的应用已为解决教育系统中一个最大的陷阱提供了解决策略，即解决“一种模式适配所有风格”的教育设置问题。

1.4.2 交通领域[5]

交通领域是大数据应用的活跃区：

（1）路线规划。大数据被用来理解和估计客户对不同路线和多种交通方式的需求，然后通过路线规划减少客户的等待时间。

（2）拥堵管理和交通控制。基于大数据，实时估计路途和交通模式已成为可能。例如，人们使用高德或谷歌地图确定最快速、少拥堵的路线。

（3）交通安全级别：通过大数据实时处理和预测分析，标识交通事故多发区域，可进行预警，增加交通安全性。

真实的应用：以 Uber（优步）为例，它产生和使用了大量数据，这些数据与司机、车辆、地点，以及每辆车的每次行程等相关。分析这些数据，可预测司机的供需和地点，预测每次行程的费用。

1.4.3 在音乐领域的应用[6]

如今，汽车已成为大多数人的代步工具，在车内听的歌曲很可能反映了车主的真实喜好。音乐元数据公司 Gracenote 采用智能手机和平板电脑内置的麦克风，基于大数据挖掘技术，识别用户车载音响中播放的歌曲。他们的技术可检测掌声或嘘声等反应，甚至还能检测用户是否调高了音量。这样，Gracenote 就可以发现用户真正喜欢的歌曲，以及听歌的习惯（听歌的时间和地点）。Gracenote 拥有数百万首歌曲的音频和元数据，因而可以快速识别歌曲信息，并按音乐的风格、歌手、地理位置等分类。

1.5 对大数据的误解

1. 大数据仅仅意味着数据巨大?

通常 PB 级的数据被视为大数据的门槛，但数据量仅仅是大数据 5V 特性之一，多样性和数据增长与处理速度也至关重要。大数据量与后两者相结合，才能符合 1.2.1 节中 Gartner Group 的大数据定义的中心思想。

当前的数据已经从传统的结构化演变为多种模式和多种类型，数据多样性对数据采集、管理、融合、处理和深入分析都带来了挑战。例如，传统的关系数据库在管理和分析声音、图像、网络日志、地理定位数据等方面是十分无力的。

1.2.2 节已经讨论了速度特性的意义。传统的技术和方法不适用于大数据引出的高速采集、管理和处理需求。因此，采用新的方法是必要的。

由此可见，大数据带来的挑战是全方位的，这才是“大”的真实内涵。

2. 大数据技术就是 Hadoop?

要解决巨量和快速的大数据带来的挑战，技术创新是核心。一个解决方案是采用分布式处理和存储，提高处理速度。

Hadoop 是 Apache 开源的分布式计算系统，采用了 MapReduce 计算模式和 HDFS 分布式文件系统的存储方式，但有一个较大问题是 MapReduce 读写效率低。Spark 是一个类 Hadoop MapReduce 的通用并行框架，同样是 Apache 开源系统，与 Hadoop 最大区别在于可以将中间结果存放在内存，不需要读写 HDFS，因此 Spark 可以提供超过 Hadoop 100 倍的运算速度，也更好地适用于数据挖掘与机器学习等需要迭代的 MapReduce 的算法。而 Storm 是一个开源的数据流处理系统,能够完成 Hadoop 不擅长的实时计算。

因此 Hadoop，Spark 和 Storm 是目前最重要的三大分布式计算系统，Hadoop 常用于离线的、复杂的大数据处理；Spark 常用于离线的、快速的大数据处理；而 Storm 常用于在线的、实时的大数据处理。

目前大数据技术层出不穷，覆盖了从大数据存储、计算，到分析和挖掘的大部分领域。但传统数据仓库技术依然有用武之地，现有的 IT 基础设施不仅会保留，还会继续发展。

所以，大数据技术十分丰富，Hadoop 仅仅是其中之一。

3. 大数据意味着非结构化数据?

“非结构化”数据在大数据类型中的比例很高，但“结构化”和“半结构化”数据同样存在。印度著名的塔塔咨询服务有限公司（TCS）就发现 51%的数据是结构化的，27%的数据是非结构化的，另有 22%的数据是半结构化的。这也是为什么 Hadoop 框架同时支持面向非结构化数据的 NoSQL 数据库 HBase 和面向结构化和半结构化数据的数据仓库组件 Hive,如图 1.4 所示。

4. 大数据只是社会媒体内容和情感分析?

大数据包含了各行各业所产生出的各类数据，包括网络流量、IT 系统日志、客户的情绪，或任何其他类型的数据。所以，社会媒体内容和用户情感仅仅是大数据中很小的一个方面，银行、保险业、航空、汽车、信用卡公司、甚至医院等所有的行业都可以借助大数据的强大力量，获得决策和发展计划。

5. NoSQL 意味着非结构化查询语言？

NoSQL 意味着“Not Only SQL”，包括键-值存储、文档型数据库、图形数据库、列式存储和缓存数据存储等不同的类型。所以，NoSQL 更关注数据存储，而不是数据查询语言。

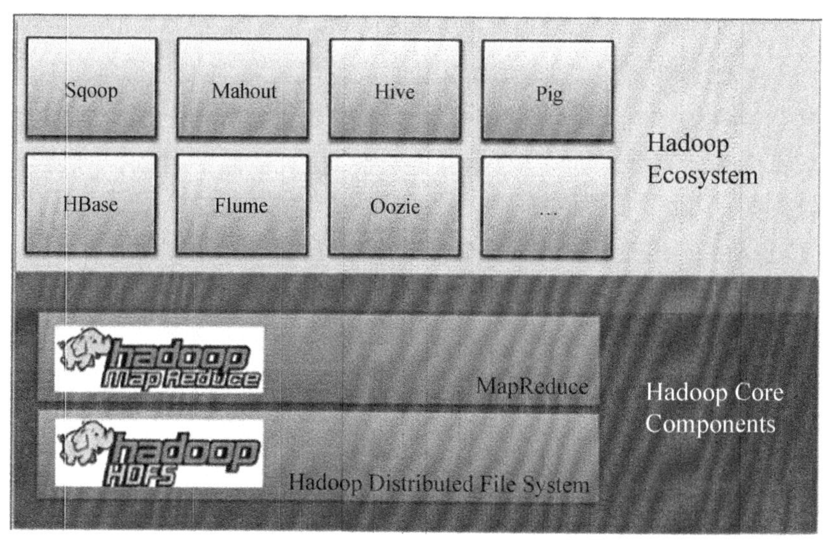

图 1.4 Hadoop 生态系统

NoSQL 数据存储管理并没有明确的定义，但具有一些共同特征，基于这些特征可以针对大数据的特点进行数据管理和处理：

（1）与经典的关系型数据库不同，NoSQL 无须也无法预定义数据模式，即关系表结构、属性、数据类型等。这样带来的优势是 I/O 速度快，数据处理高效，是应对数据巨量、数据多样化和速度要求的崭新方案。但这样的存储结构不满足 ACID（原子性、一致性、隔离性、持久性）原则，容易出现数据存储异常、不一致、低可用性等问题。

（2）有弹性，可扩展性好。数据巨量对数据库等存储技术提出了极高的要求。一种方案是垂直扩展（Scale up），使用更快速、更大容量的单一计算机来支持大数据应用，显然这种方案不具备好的弹性。另一种方案是水平扩展（Scale out），将大数据应用移植到多个普通小型计算机组成的集群系统上，可以在系统运行的时候，动态增加或者删除节点，不需要停机维护，这能很好地应对巨量数据处理和管理性能，具有优秀的可扩展性。

典型例子如 Cassandra，由于其架构是类似于经典的 P2P（基于对等网络的 Peer-to-Peer 技术），能通过轻松地添加新的节点来扩展集群。

（3）在水平扩展方案中，NoSQL 将数据划分后存储在多个本地集群节点上。一方面从本地磁盘上快速读取数据，另一方面集群方式能很好地实现并行计算处理，从而提高了系统的性能，满足了大数据的需求。

（4）故障恢复能力强和安全性高。NoSQL 集群数据管理不仅可以从系统级上实现高容错性，而且从数据级别上采用多副本技术，从而提供很强的故障恢复能力，保证了大数据应用的安全性。

但是，NoSQL 中的数据复制往往是基于日志的异步复制，不能遵循关系数据库事务处理要求而完全保证一致性。出现故障的时候，可能会丢失少量的数据。

（5）BASE：相对于关系数据模型中事务遵循严格的 ACID 原则，NoSQL 保证的是 BASE（Basically Available，Soft-state，Eventual consistency）特性，即基本可用性、软事务状态、最终一致性。软事务状态即状态可以有一段时间的不同步。BASE 是基于 CAP 理论发展的大数据管理原则。

1.6　CAP 理论与 BASE

在 2000 年的 PODC 会议上，加州大学伯克利分校工作的 Eric Brewer 提出了著名的 CAP 理论。依据这个理论，在一个大规模分布式数据系统中，有三个需求是彼此循环依赖的：一致性、可用性和分区耐受性。

（1）一致性（Consistency）：指的是数据库总是从一个一致状态到另一个一致状态。在同一个状态下，使用同样的数据查询可以得到同样的结果，无论是并发时还是故障发生前后都应遵守。即同一数据在集群的所有节点上在同一时刻都是同样的值。

（2）可用性（Availability）：数据库必须要在有限时间内响应用户请求并提供服务。即集群中一部分节点发生故障后，集群整体依然可以处理客户端的请求。

（3）分区容错性（Partition Tolerance）：数据库可以分散到多台计算机上，即使发生网络故障，被分隔为多个分区，集群节点之间无法通信，依然可以提供服务。即当发生网络故障时，集群被隔离为多个分区，互相不必通信，依然能响应服务。

Brewer 理论认为对于任意给定系统，只能强化这三个特性中的两个。2002 年，MIT 的 Seth Gilbert 和 Nancy Lynch 证明了这一理论。三者不可兼顾，所谓鱼与熊掌不可兼得也！而对于分布式数据系统而言，分区容错性是基本要求。这意味着分布式系统的设计过程，是在 C（一致性）和 A（可用性）中二选一或实现平衡的过程。

图 1.5 引用了 Eben Hewitt 所著的《Cassandra 权威指南》[7]一书中的分析，书中针对一些常用 NoSQL 数据存储结构更注重 CAP 三者中的哪两者进行了总结。从图中可以看到关系型数据库因大部分并未采用分布式集群结构，因此对网络故障无法做到容错。而 MongoDB 和 HBase 则注重 CP 两个特性，从而最大限度地保证一致性和分区容错性，但是，这不意味着 MongoDB 和 HBase 对用户请求的响应很慢，按照资料[7]，“某些”数据的平均不可用时间占比大约为 0.0047%。由此可见，大量的 NoSQL 数据存储偏重三者之二，但也并未放弃另一特性。

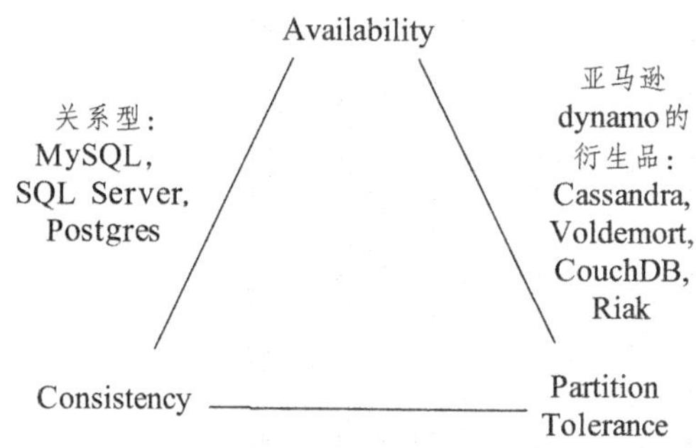

图 1.5 各类数据库满足不同的 CAP 特点

参考资料

[1] Gil Press. The state of big data:What the Surveys Say. Forbes,Nov 30, 2013. https://www.forbes.com/sites/gilpress/2013/11/30/the-state-of-big-data-what-the-surveys-say/#790b115f7810.（2019-01-22 访问）

[2] IBM. Analytics:A Blueprint for Value-Converting Big Data and Analytics Insights into Results. Business Analytics and Optimization,Oct.2013. https://www.ibm.com/downloads/cas/ZJGNNGZ3?mhsrc=ibmsearch_a&mhq=A%20blueprint%20for%20value-converting%20big%20data%20and%20analytics%20insights%20into%20results/（2019-07-09 访问）

[3] Laney Doug. 3D Data Management:Controlling Data Volume,Velocity and Variety. Gartner (Meta) Group Report,February 6,2001. https://blogs.gartner.com/doug-laney/files/2012/01/ad949-3D-Data-Management-Controlling-Data-Volume-Velocity-and-Variety.pdf.（2019-01-22 访问）

[4] DeZyre article. How Big Data Analysis Helped Increase Walmarts Sales Turnover? Nov10,2017. https://www.dezyre.com/article/how-big-data-analysis-helped-increase-walmarts-sales-turnover/109.（2019-01-22 访问）

[5] IntelliPaat Blog. 7 Big Data Examples-Application of Big Data in Real Life. Jan 22,2019. https://intellipaat.com/blog/7-big-data-examples-application-of-big-data-in-real-life/.（2019-01-22 访问）

[6] 微数据的博客. 13 个应用案例,讲述最真实的大数据故事！微数据官方微博. [2016-08-22]. http://blog.sina.com.cn/s/blog_806ac7d70102z85m.htmlhttp://blog.sina.com.cn/s/blog_806ac7d70102z85m.html.（2019-01-22 访问）

[7] Eben Hewitt. Cassandra 权威指南[M]. 王旭,译. 北京:人民邮电出版社,2011.

第 2 章　大数据生命周期及相应的技术挑战

【本章要点】

- ✧ 大数据生命周期
- ✧ 大数据面临的技术挑战
- ✧ 应对挑战的策略与方法

2.1　大数据生命周期

每一个数据都经历着“创造—采集—处理/管理—（深度）分析—再应用”的过程，可以视为“数据的生命周期”。在大数据时代，数据生命周期的各个阶段会发生什么变化?

（1）数据创造：新技术、新商务、社交网络等催化了各种类型数据产生的数量和速度。过去从未考虑的数据正不断涌现并被采集，例如，每人每天行走步数，每人每时刻所处的位置，等等。而商务领域、社交平台等有着惊人的数据创造量。例如，2016 年有报告表示：

① 顾客使用 Paypal 每天均会产生约 1 150 万美元的贷款。

② 沃尔玛每天要处理多于 100 万条的客户交易。

③ 在 Facebook 的网站上每分钟会发布 51 万条评论、29.3 万条状态和 13.6 万张照片。

而 2017 年中国用户每分钟会发送 2 600 多万条微信信息，播放 150 万个视频，参见第 1 章的图 1.1。

（2）数据 ETL：各行各业都持续不断地创造多种类型的数据，因此大数据呈现出多来源、异质异构、实时动态等特性。传统的数据抽取、数据清洗转换和数据装载（Extract、Transform、Load，ETL）已经不适应大数据的特性，例如，如何清洗 PB 级数据，使之达到决策支持的目标？如何转换高速的流数据?

（3）数据存储与数据的结构：数据存储与数据结构和数据组织密切相关。例如，针对半结构化和非结构化数据，设计出了基于 Hadoop 和 Spark 框架的大数据存储技术（HDFS，HBase，Hive，Hive on Spark，Spark SQL），实现大数据的分布式存储和并行处理。

（4）数据集成、聚集及支持分析的管理：数据仓储化是数据管理的重要技术，是各类机构分析数据进而获取洞察力和决策的关键方法，是商务智能的重大基础。但传统的数据仓库无法支持大数据管理，因为数据的多样化、高速处理、快速应答、平台架构的可伸缩性等都呼唤新的技术和方法变革。

随着 Hadoop 和 Spark 技术的崛起，能够通过廉价硬件组建集群，存放大量原始数据并通过大规模并行框架处理数据，并且在上层演化出 Hive、Spark SQL 这样的 OLAP（On-Line Analytic Processing）功能，完成大数据集成、管理、分析与决策等任务。此外，还出现了基于 MPP（Massive Parallel Processing）架构的适合中等量关系型数据的数据仓库和 OLAP 应用，以及百度云提供的云端的数据仓储解决方案等。

（5）数据应用和（深度）分析：数据从各种资源和应用中诞生，然后又通过深度分析、挖掘的方式进行提炼和锻造，再以知识和决策的方式反馈于各类资源和应用，完成一次成功的大数据生命圈。

2.2　大数据面临的技术挑战

大数据的 5V 特性给其生命周期各个阶段都带来了巨大的技术挑战。根据 Gartner 的统计，由于技术和数据集成的挑战，直到 2018 年 70% Hadoop 开发都将无法达到节约成本和增加盈利的目标。本节从大数据生命周期中的大数据采集、大数据处理、存储管理、分析与挖掘、大数据质量与安全阶段的角度进行分析，部分内容参考了资料[1]。

2.2.1　大数据采集

首先，数据采集上的常见问题也同样出现在大数据采集上：

（1）数据不相关和数据冗余；

（2）相关数据被忽略；

（3）错误或曲解性的数据采集；

（4）用户数据无法采集或采集过少；

（5）数据冲突；

（6）各种语言表达的数据障碍；

（7）未采集到足够的历史数据；

（8）未正确记录数据履历或数据履历无法正确解释，从而造成全生命周期元数据问题。

（9）无法产生正确的元数据，无法定义采集的数据内容格式、记录方式和度量方式等。

大数据巨量化、多源异质异构、速度高等特点导致数据采集或提取技术面临大量的挑战，这些挑战包括如何采集正确完整的数据，如何针对多样化的数据应用或研发更高效和普适的技术，以及如何快速或实时地采集数据。

2.2.2　大数据处理 ETL 技术

ETL 技术首先面对策略上的挑战是：如何保证大数据经过 ETL 技术处理之后仍然维持它的特性并具有竞争优势？适合于大数据的数据仓库/商务智能技术变得十分复杂，ETL 技术能否与这样的技术相配合？ETL 技术能否处理大数据，使之符合业务领域核心价值？是否具有接纳不在计划内的数据资源的灵活性？

此外，从技术层面上看：

（1）大数据的巨量、多源异质异构的特点造成数据选择、过滤、清洗、集成和转换的预处理过程充满挑战性。如何保证这些过程可以提升后续的数据挖掘质量，而不是丢失信息或降低数据质量是需要考虑的问题。

（2）大数据 ETL 过程需要处理大量多媒体数据，这时 ETL 技术与具体应用是高度相关的。

（3）由于无处不在的摄像头、GPS 等设备，需要处理大量时空数据、流数据和轨迹数据。这些数据的 ETL 过程需要考虑数据连续的特点，保证信息损失最小。

（4）为保证决策者在需要时可以获得必要的信息，对处理大数据的速度提出了高要求。

（5）由于大数据的不完整性更加严重，即使经过清洗和纠错，数据中仍然会存留不完整和错误，需要在数据分析中进行管理。

（6）大数据的真实性问题很严重。通常，数据净化假设了清晰的有效数据过滤条件，假设了容易理解的错误模型，但这些假设常常并不存在。

（7）需要建立一系列的 ETL 规则说明和规范定义，因为在大数据环境中，如何选择和优化 ETL 多个独立操作变得更加复杂，而且应对用户透明。研发大数据处理新技术和一系列 ETL 规范与定义是新的挑战。

（8）大数据处理量巨大，新数据的增量处理需要考虑先期分析结果和已经存在的数据，应记录不同的数据来源、数据模式等元数据。因此，在大数据处理流程中元数据的管理至关重要，需要研发大数据处理流程中元数据管理技术。

2.2.3 大数据集成、聚集和存储管理

（1）数据集成可以带来更大价值，但大数据环境中，数据集成是十分艰难的。多源异质异构带来了数据类型、结构和语义的千差万别，只有当计算机能够理解和自动化解析这些结构和语义，才能进行良好的集成。

（2）面向大数据的数据库或数据仓库设计需要采用新的理念和技术。某些设计会为某些类型数据应用带来优势，却不利于另外一些数据应用。数据仓库的核心能力之一就是数据聚合计算，根据大数据的特点，聚合计算是十分艰难的。

（3）数据存储的问题将会导致数据不可用。例如，视频、图片等多媒体数据激增，需要高效的存储方案。如果没有专业的存储解决方案很可能会导致多媒体数据丢失和质量下降。

（4）从数据管理的层面，还会遇到人员上的挑战。例如，项目负责人没有正确地监督技术数据管理，或者项目负责人将数据管理任务交给了没有得到充分训练的人员，又或者是没有投入足够的时间和力量。

（5）管理的数据缺乏细节。当大数据潮水般地涌来时，采集的数据粒度较粗，而处理后的数据将更加缺乏细节，导致很难进行后续的深入分析。

2.2.4 大数据分析与挖掘[1,2]

（1）针对多源异质异构大数据，需要构建专门的、更复合的、组合式的挖掘模型。例如，针对社交网络数据挖掘，可能需要考虑跨网络、动态性，以及隐私保护问题。

（2）由于大数据的数据形态多、数据量巨大但价值密度低，从中挖掘出隐含的规律或模式难度成倍增长。例如，在视频流中发现某个事故车辆，也许事故车辆只有几秒钟的视频，但是无关的数据很多，所以大数据的价

值密度很低。

（3）大数据集成与融合的要求。需要将理解透彻与未理解透彻的多源异质异构数据进行有意义的集成融合，创造更多价值，并基于这样的数据进行分析和挖掘。

（4）大数据要与实时分析相融合，速度是关键。目前许多分析是非实时的，但随着数据不断更新和累积，要求能实时地理解与处理，快速获得决策，如交通网络实时数据分析、地震预测预报、股票实时预测等。数据挖掘的速度取决于数据访问速度和数据挖掘算法的效率，需要设计实现支持快速访问大数据的索引结构。另一个加快大数据访问和挖掘速度的方法是并行计算，MapReduce 并行计算模型只能解决相当有限的大数据计算问题，而设计新的和更有效的并行计算模型或并行机器学习算法的需求十分迫切。

（5）技术的可用性：大数据技术尚在初级阶段，易用或者现成的分析与挖掘技术还十分缺乏。需要机器学习专家、数据科学家和软件工程师通力合作，通过深入分析业务问题，实现大数据分析和挖掘的解决方案。

（6）简化系统的挑战：很多企业和组织大量建设数据仓库，应用相关技术管理数据从而产出分析报告，目前需要简化系统以创建新的大数据架构。

（7）洞悉业务数据的挑战：计算机科学家和统计学家需要洞悉业务领域，从而更好地分析业务数据。

（8）任务负载的挑战：目前为了控制大数据分析成本，往往需要在单个架构上运行多个任务负载，该架构应具有灵活处理所有商务智能（BI）应用的能力。如果基础系统架构不够灵活，则应考虑其上配置各种组件，从而可以调整该架构，使之有效地运行不同的任务负载。

2.3　大数据安全与应用的挑战

大数据的特点和大数据的 ETL、存储管理等过程带来了一系列问题，例如数据来源是否真实、数据是否完整可靠、数据质量是否优良，以及数据集成是否正确等，从而进一步影响了数据分析和挖掘结果的质量。

以数据可用性为例，根据李建中等人的文章[3,4]，美国的企业信息系统中 1%～30%的数据存在各种错误和误差；美国的医疗信息系统中，13.6%～81%的关键数据不完整或陈旧。国际著名的科技咨询机构 Gartner 的调查结果也显示：全球财富 1 000 强企业中，超过 25%的企业信息系统中存在数据错误。

数据可用性问题及其所导致的知识和决策错误给各行各业带来了严重损失。例如在医疗方面，美国由于数据错误引发的医疗事故每年导致的患者死亡人数高达 98 000 名以上[5]；在工业方面，错误和陈旧的数据每年给美国的工业企业造成约 6 110 亿美元的损失[6]；在商业方面，美国的零售业每年仅因错误标价这种数据可用性问题，就导致了 25 亿美元的损失[7]；在金融方面，仅在 2006 年美国的银行业中，由于数据不一致而导致的信用卡欺诈失察就造成 48 亿美元的损失[8]；在数据仓库开发过程中，30% ~ 80%的开发时间和开发预算花费在清理数据错误方面[9]；数据可用性问题给每个企业增加的平均成本是产值的 10% ~ 20%[10]。因而，大数据的广泛应用对数据可用性的保障提出了迫切需求。

此外，大数据安全方面的挑战还包括：

（1）相比一般的数据库，大数据领域个人隐私泄露问题更为严重：社交网络平台上的个人隐私、电子商务网站中的个人账户、购物习惯、邮寄地址等，都有泄露的危险。如何在数据分享和挖掘中既保护个人隐私又能保证足量和有效的数据特征是当前的研究热点。在从数据中提炼知识的各个阶段都应考虑数据挖掘和隐私保护相结合的技术和方法，而数据的动态变化需要可适配的隐私保护技术。许多在线服务要求共享隐私数据（例如 Facebook 应用），则需要考虑全面的访问控制。

（2）并行数据处理和管理关系到大规模计算机集群，如何保护用户的敏感信息和个人隐私数据，需要结合集群部署制定策略和研发方法。

（3）数据可靠性。对数据存储系统最基本也是最关键的要求是数据的可靠性。数据的备份和日志建设与管理可以大大提高云存储系统的可靠性和数据访问性能。一旦发生故障，一方面可以无缝切换到备份数据文件，另一方面可以快速全面地恢复系统状态，保证数据的可靠和完整。云存储涉及的分布式文件管理可能面临着访问权限控制和攻击问题，需要采取相应的安全策略。

（4）大数据的可信度是动态变化的，当数据更新，可信度指标也应该更新。此外，共享数据如何链接，用户如何能够细粒度地控制信息分享都是大的挑战。

（5）大数据带来了“泥沙俱下”的问题。大量的错误和噪声数据、错误地或偏差性地集成和聚合数据、数据时效性差等多种问题都会导致数据不可用。在这样的数据质量基础上的挖掘和分析，产生的结果也是低质量甚至是错误的。

2.4　针对大数据挑战的应对策略与技术方法

2.4.1　大数据的特点驱动技术革新

大数据的 5V 特点导致传统的数据存储、管理、处理和分析技术必须进行变革，才能适应这个大数据时代。图 2.1 展示了数据技术变革过程。表 2.1 则总结了面向大数据特点的新技术和技术革新。

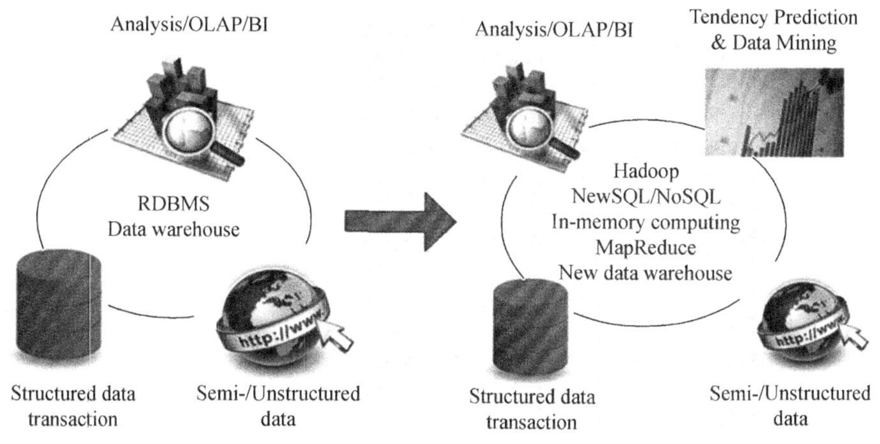

图 2.1　大数据带来的技术革新

表 2.1　面向大数据特点的新技术和技术革新

面向大数据特性的需求	技术革新和新技术
巨量的数据管理和分析	数据仓库、NewSQL（Hive）、OLAP
巨量数据处理架构	MPP、Hadoop、MapReduce、Spark
巨量数据扩展	垂直扩展到水平扩展机制（Master-Slave）、分片（Sharding）
面向半结构化、无结构化数据存储管理	NoSQL（HBase，MangoDB 等）数据管理
大数据高速处理	分布式批处理（Batch）、流式处理（In-stream）
大数据挖掘和分析	Mahout、MLC++、MILK、基于 Hadoop 框架的 Radoop 和 BC-PDM

2.4.2 分析 MPP、Hadoop、Spark 的共性与特性

数据量正以指数级的规模增长，当数据达到几百兆字节（MB）时，Excel 可能已无法打开这样的文件，编写程序或应用数据库和数据仓库技术才能处理和分析这样量级的数据。当数据达到吉字节（GB）规模时，根据联结数（Join）、事务数、数据库表访问操作类型等，占用内存量可达到几百兆字节（MB）甚至吉字节（GB），使数据库性能下降。我们知道，数据库数据文件和日志文件最大容量均为 32 TB，而当单个数据文件大小达到太字节（TB）以上时，基于集中式数据库的数据管理和处理能力将十分低下。

为了解决数据量激增导致数据管理和处理性能低下的问题，数据库垂直扩展策略（Scale up）出现了。这种方案通过购买更大型的服务器，配置多核 CPU，扩充更大容量的内存，安装更多的存储设备，来提高集中式数据库的性能。然而，数据库与外部网络的连接受到带宽的限制，数据库服务器上的软件需要调度和管理多核计算，数据库需要在多个存储设备上有效地管理数据并高速地访问数据，这些都成为挑战垂直扩展技术的障碍。

因此，水平扩展数据库技术（Scale out）应运而生，备受欢迎。这类技术通过构建分布式的集群环境，将多台普通计算机通过网络连接起来，形成集群。按照业务均衡等策略将数据库或数据库表进行划分，将划分后的数据库或数据库表部署到不同的服务器上。这种分布式数据库管理架构克服了集中式数据库的弱点，给大数据管理与处理带来了如下的优势：

（1）系统易于扩展。通过增加一个新的数据库或一个计算机节点，可以动态地实现数据库的线性扩展。

（2）数据处理速度快。数据库甚至数据库表被划分后，存储在不同的集群节点数据库中，管理和查询访问数据量小，处理速度快。

（3）并行处理性能好。多台独立的计算机构成集群节点，可以完成多个事务的并行处理。

（4）数据通信代价低。因为大多数对数据库的访问操作都是针对局部数据库。

（5）系统可靠性较高。集群某些节点出现故障，仍然可以访问另外一些节点上的数据库。

若要成功实现上述分布式数据库，高效地管理和处理大数据，构建一个基础的系统架构是必然的。MPP 和 Hadoop 是两种目前主流的分布式系统架构。

1. MMP

MPP 即大规模并行处理（Massively Parallel Processor），这个概念在 20 世纪 90 年代开始兴起，引领了各著名大型机、巨型机的技术体系先河。

MPP 数据库通过多个计算机（节点）协同处理同一数据库的不同部分，提高数据库性能。在数据库非共享集群中，每个节点都有独立的操作系统、磁盘存储系统和内存。根据业务类型等将数据库或数据库表进行划分，部署到各个节点上，节点通过专用网络或者商业通用网络互相连接，彼此协同计算，作为整体提供数据库服务。非共享数据库集群有很好的可伸缩性、高可用、高性能、优秀的性价比、资源共享等优势。

2. Hadoop

Hadoop 技术体系作为大数据处理和管理的架构平台广为人知，已成为新型并行计算的技术翘楚。

Hadoop 是由 Apache 基金会所开发的基于 Java 程序语言的一个分布式系统基础架构，不是一个单一技术。Hadoop 的框架最核心的设计就是：HDFS（Hadoop Distributed File System）和 MapReduce。HDFS 是分布式文件系统，解决大数据存储问题。通过在大量低廉的（low-cost）硬件上的多副本技术管理数据文件，从而具有了高容错性。Hadoop 实现了 MapReduce 分布式编程模型，开发并行应用程序，从而能够处理 PB 规模的大数据，而且是并行计算方式，从而提高了数据处理性能。

Hadoop 是一个分布式架构体系，除了上述两项外还包含了以下技术：

（1）HBase：类似 Google BigTable 的分布式 NoSQL 列式数据库。（HBase 和 Avro 已经于 2010 年 5 月成为顶级 Apache 项目）

（2）Hive：数据仓库，由 Facebook 贡献，是 Apache 开源项目。

（3）Zookeeper：开源的分布式锁技术，提供了分布式应用程序协调服务的功能。

（4）Avro：新的数据序列化格式与传输工具，将逐步取代 Hadoop 原有的 IPC 机制。

（5）Pig：相比于 MapReduce，Pig 提供更丰富的数据结构和更强大的数据变换操作，包括 MapReduce 中被忽略的 Join 操作，也为用户提供了多种接口。

（6）Ambari：Apache 开源的 Hadoop 管理工具，可以快捷地准备、监控、部署、管理和安全保障集群。

（7）Sqoop：用于在 Hadoop 的 HDFS 与传统的数据库间进行数据导入/导出的工具，提供了很高的并行性和良好的容错性。

3. MPP 与 Hadoop 的共性

基于 MPP 与 Hadoop 的数据库和数据仓库都是分布式数据存储结构，执行并行计算任务，可以进行水平扩展，从而提高了海量数据处理和分析的性能。

两者的连接点是 Apache Impala，Impala 是面向运行 Hadoop 的计算机集群上大数据的 MPP SQL 查询机制。

4. MPP 与 Hadoop 的区别

（1）数据存储管理：基于 MPP 的数据库集群，采用了 Shared Nothing 的分布式结构，通过集成列存储、高效压缩、粗粒度索引等技术，提升了数据处理与分析的性能。不同于 MPP，Hadoop 的 HDFS 将数据分成固定大小的块，分发到各节点上，并采用"一次写入，多次读写"的任务执行要求。

（2）升级性：MPP 数据库水平扩展可到 100 个节点左右，而 Hadoop 一般可以扩展到 1 000 个节点以上。因为 MPP 面向结构化数据处理和分析，是一种 NewSQL，基本符合 ACID 原则，首要满足 CAP 中的 C（Consistency）和 A（Availability），这也是符合 ACID 原则的。而 Hadoop 面向大数据并行处理和管理，HDFS 是以文件方式存储，其上的 HBase 综合考虑 C 和 P（Partition-tolerance），尽可能去满足 A。所以 Hadoop 的可扩展性更强。

（3）大数据规模：MPP 数据库更适合 TB 规模的数据量，而 Hadoop 能应对 PB 级的大数据。

（4）大数据的多样性：MPP 数据库主要面向结构化数据管理和分析，采用 SQL 访问数据。而 Hadoop 通过 MapReduce 框架支持 HBase 和 Hive，可以支持半结构化和非结构化的数据分析。

（5）实时性：MPP 可以执行大数据实时分析处理，而 Hadoop 中的 Map 和 Reduce 需要存取输出文件和实现大量网络传输，HDFS 具有高的数据吞吐量，但时间代价大，不能达到实时处理要求。

（6）MPP 可以完成传统数据库灵活和丰富的数据操作。但 Hadoop HDFS 的一个文件只能有一个写入者，而且不能随意在文件中添加，只能在文件末尾完成，即只能执行追加操作。目前 HDFS 还不支持多个用户对同一文件的写操作及在文件任意位置的写操作。

（7）MPP 数据库可以集成传统数据库相关的技术和工具，应用 SQL 进行数据处理和分析。而 Hadoop 对 SQL 缺乏支持。

（8）基于 MPP 的数据仓库有良好的数据模型和 OLAP 分析技术，而 Hadoop 支持的 Hive 技术由于 SQL-on-Hadoop 的原因，性能较差。

（9）MPP 具有传统关系数据库良好的安全性基础，而 Hadoop 支持的 HBase 与 Hive 的安全性较弱。

综合资料[11]和其他资料，将 MPP 与 Hadoop 架构的作用、技术特点和适合的应用总结如表 2.2 所示。

表 2.2　Hadoop 和 MPP 应用场景对比

	Hadoop	MPP
可扩展性	平均 100 个节点，可扩展至几千个节点	平均数十个节点，最大达到 100～200 个节点
复杂多表关联分析性能	缺少高效索引，缺少数据存储和查询优化，处理性能较低	Shared Nothing 架构，可以通过本地计算完成 Join 或 Group by。通过索引、分区保障了复杂分析性能
数据类型	擅长处理非结构化数据和流数据	擅长处理结构化数据
响应实时性	对数据处理优化较少，实时性较差。平均查询时间 10～15 min，最大查询时间 1～2 周。延迟为秒级	实时性较高。平均查询时间 5～7 s，最大查询时间 1～2 h。延迟为毫秒级
数据规模	100 PB 级存储及处理能力	上百 TB～PB 级存储及处理能力
数据库优化与开发	基于 MapReduce，通常用 Java 编写程序。可以处理 SQL 不能处理的部分问题，如机器学习。与 SQL 兼容不好，调优算法复杂	基于 SQL，可采用成熟的数据库开发技术。容易进行数据库优化
数据集合更新	具有“一次写入，多次读取”的特点，数据更新性能较低	基于关系模型，其存储结构和处理结构可以支持任意对数据集合的更新和删除
最大并发性	10～20 个作业	十到数百个查询。由于任务没有像数据那样进行 Hash 划分，完成每个任务需要遍历每个节点，并行性相对低
网络利用	基于 Master/Slave 主从结构，网络利用率相对更好	强调对等网络，导致每个组节点间平均带宽降低
目标用户	Java 开发人员和经验丰富的 DBA	分析师、商务智能决策者

续表

	Hadoop	MPP
应用领域	支持非结构化、半结构化数据处理、复杂的 ETL 流程、复杂的数据挖掘和计算模型、慢速的离线大数据处理	适合大规模的复杂分析、海量数据的查询、快速海量数据分析（如数据仓库、数据集市、企业级报表、统计分析、OLAP、多维分析等）

5. Spark

Spark 是一个基于内存的分布式大数据处理框架，由 UC Berkeley 的 AMP 实验室开发，并成为了 Apache 开源项目。和 Hadoop 相比，Spark 将在内存中运行程序的速度提升了 100 倍，将在磁盘上运行的速度提升 10 倍。对 100 TB 数据进行排序的速度比 Hadoop MapReduce 快 3 倍。由于 Spark 在内存中处理一切数据，提供了高速的大数据处理能力，具有了实时分析功能。

但 Spark 还需要结合分布式文件存储和管理系统才能运行，因此 Spark 默认集成 Hadoop 的 HDFS。

Spark 弥补了 Hadoop 的实时性不足，是一个独立的分布式计算架构，擅长流数据处理、交互式查询、机器学习等任务。它适合应用于物联网传感器数据处理、日志监控、社交网络分析、网络流量监控等领域。

2.4.3 主从模式（Master/Slave）和分片模式（Sharding）

在 2.4.2 节已经介绍，当前主流的大数据分布式处理技术是采用水平扩展（Scale out）。水平扩展可以通过对数据库进行主从配置（Master/Slave）、数据库复制（Replication）、服务器的缓存（Server Cache）等技术，将大数据负载分布到多个计算机节点上去。此外分片（Sharding）技术也逐步发展，通常应用于开源数据库的扩展方案。

1. 主从模式

利用数据库的复制或镜像功能，在多台计算机上保存相同的数据库，其中一台作为主数据库（Master），其余作为从数据库（Slave）。通过主从区分将读写分离，即数据写入主数据库，数据更新都在主数据库中进行，而查询由从数据库完成。这种模式又分为“单主多从”和“多主多从”的形式。

主从架构比较简单，数据从主数据库向各从数据库复制，易于维护和管理。实现水平扩展，具有高故障恢复能力和高可用性。但随着从数据库数量增加，主从复制的任务繁重，系统性能下降甚至宕机，或出现主从节点数据不一致，查询任务失败。

2. 分　片

分片技术是将大数据进行划分，形成大量数据片（Shard），存储到多台计算机节点上。一个 Shard 可以包含多个表的内容甚至可以包含多个实例数据库的内容。每个 Shard 被放置在一个数据库服务器上，一个数据库服务器可以处理一个或多个片的数据，是一对多的关系。系统中需要配置服务器，完成查询路由转发，负责将查询转发到包含该查询所访问数据所在片的节点上去执行。

对于分片来说，主要有以下主要的优点：

（1）针对大数据量和新增长的数据，数据库的可扩展性好。通过增加计算机节点，可将新增加的数据分片放到新加节点上。

（2）提高了数据库的可用性和容错能力。若有几个节点失效后，仅仅影响这几个节点上数据的处理，整个分布式数据库系统中的其他部分可以正常工作。

（3）大数据被划分为大量的小片数据，实现了数据归约。在小数据上的数据处理速度大大提升，数据库性能提高。

数据库分片与数据库分区（Partition）相似，但每个数据片可以包括多表到多个数据库，采用分布式存储。而分区大多对一个数据库内部进行划分，如表或索引，不能跨数据库，采用集中式存储方式。

不同的分片方法见表 2.3。

表 2.3　数据划分技术分类

<table>
<tr><th>划分方法</th><th>具体实现方案</th><th>可能存在的问题</th></tr>
<tr><td rowspan="3">垂直划分：以列属性为单位将一个数据表划分为多个表，放在同一个或不同的节点上</td><td>将数据库的大属性（Clob，Blob，Text 等）划分在单独的表中，提高基础表的访问性能</td><td rowspan="3">这种划分方式的问题是：
① 被划分开的多个部分之间无法使用跨分片的 Join 操作（Cross-shard Joins）。可以考虑将一些公共的、全局的表部署到每一个节点上，使用复制机制分发。
② 不同数据片之间事务处理复杂。
③ 跨片参照完整性会出现损失</td></tr>
<tr><td>按照访问频率划分。例如，可以将基本属性、使用频繁的属性与不常用的属性垂直切分开</td></tr>
<tr><td>按照数据使用用途划分。例如，围绕地址的，或围绕时间的数据垂直划分</td></tr>
</table>

续表

<table>
<tr><th>划分方法</th><th>具体实现方案</th><th>可能存在的问题</th></tr>
<tr><td rowspan="4">水平划分：以行为单位，将同一个表中的数据按照某种条件拆分到不同的数据库或服务器节点上</td><td>根据键属性的取值范围划分。例如，userID 为 1～10000 的放到 Shard 10 上，userID 为 10 000～20 000 的放到 Shard 11 上。
或根据某一字段的取值划分。例如，根据用户名的首字母范围来分片</td><td rowspan="4">① 基于键属性的划分会出现分割不均衡性。
② 随着数据量的增长，需要进行扩展时，基于键属性和基于 Hash 的方法无法在线扩展，因为每增加一个计算节点，就需要重新确定每片的范围或计算 Hash 值，对数据重新切分。
③ 逻辑、关联关系的复杂性阻碍水平划分</td></tr>
<tr><td>基于哈希（Hash）的划分。首先确定划分片的个数，通过计算 Hash 值确定对应的分片。这种方法能够平均分配数据</td></tr>
<tr><td>Range 划分。将列值属于一个给定连续区间的数据行分配到同一个分片上</td></tr>
<tr><td>List 划分：类似于 Range，区别在于 List 划分是通过匹配一个离散值集合中的某个值来进行选择分片</td></tr>
<tr><td>基于字典的划分：维护一个字典，根据划分规则查字典，确定数据被划分到哪个分片</td><td>① 划分规则可以是函数，也可以是根据用户的属性取值。
② 每次数据操作都需要查找字典，确定具体数据片，可以将字典存储在独立 Cache 上，提高查表速度。
③ 增加数据分片时，可以不影响在线应用</td><td></td></tr>
</table>

2.4.4 批计算（Batch）和流式计算（In-stream）

大数据的速度特性（Velocity）意味着两件事情。一是数据倾泻式地流入。一个极端的例子是欧洲核子研究中心的大型强子对撞机，运转时每秒产生 PB 级的数据。二是要求快速处理大数据，实时性要求高。为了解决这个问题有两种技术方案：批量计算模式（Batch）和流式计算模式（In-stream），还有一种两者相结合的大数据实时计算方案。

1. 批处理模式

Hadoop 计算框架中的 MapReduce 是为大数据批量计算而设计的重要技术。HDFS 存储输入数据，然后 MapReduce 的调度系统将计算逻辑分发到每个节点，执行数据批量处理任务。MapReduce 基本处理过程（见图 2.2）包括：

（1）从 HDFS 文件系统读取数据集；

（2）将数据集拆分成小块并分配给所有可用的计算节点；

（3）针对每个节点上的数据子集进行计算（计算的中间态结果会重新写入 HDFS）；

（4）重新分配中间态结果并按照键进行分组；

（5）通过对每个节点计算的结果进行汇总和组合，对每个键的值进行“Reducing”；

（6）将计算得来的最终结果重新写入 HDFS。

MapReduce 批量计算的优势和局限在于非常依赖持久存储，每个任务需要多次执行读取和写入操作，速度较慢，适合时间要求不高的数据操作。但由于磁盘空间通常是服务器上最丰富的资源，MapReduce 可以处理巨量数据。通过大量低成本的计算机搭建完整功能的 Hadoop 集群，使得 MapReduce 处理技术可以灵活应用在很多应用中。与其他框架和引擎的兼容与集成能力使得 Hadoop 可以成为使用不同技术的数据处理平台的底层基础。

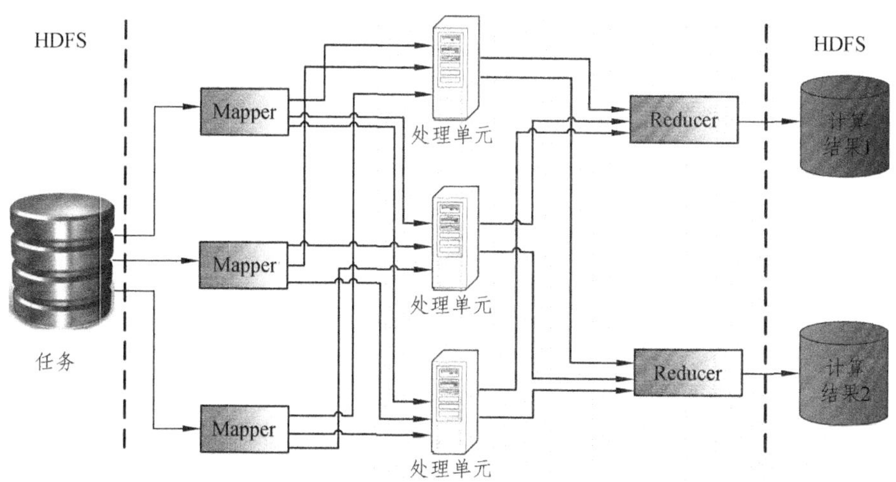

图 2.2 MapReduce 处理机制原理

2. 流式大数据处理

流式计算模式中，大数据直接输入处理逻辑单元而不是输入存储系统，数据一边流动一边处理。这种模式可以处理几乎无限量的数据，但同一时间只能处理一条（真正的流处理）或很少量（微批处理，Micro-batch Processing）的数据。

流式大数据的特点有实时性、易失性、突发性、无序性和无限性[12]。由于这些特点，流式计算框架实时性高，内存处理加快了计算速度，但数据的精确度较低。

流式处理适用于实时或近实时处理和分析任务，擅长处理对变动或峰值及时响应数据或一段时间内变化剧烈的数据，如银行业的证券交易、信用卡诈骗跟踪监测、网络流监控、智能交通、搜索引擎等。

Apache Storm是大规模流数据处理的先锋，并逐渐成为工业标准。Storm将提交运行的程序称为 Topology（拓扑），一个拓扑中包括 Spout 和 Bolt 两种角色，工作流程如图 2.3 所示。

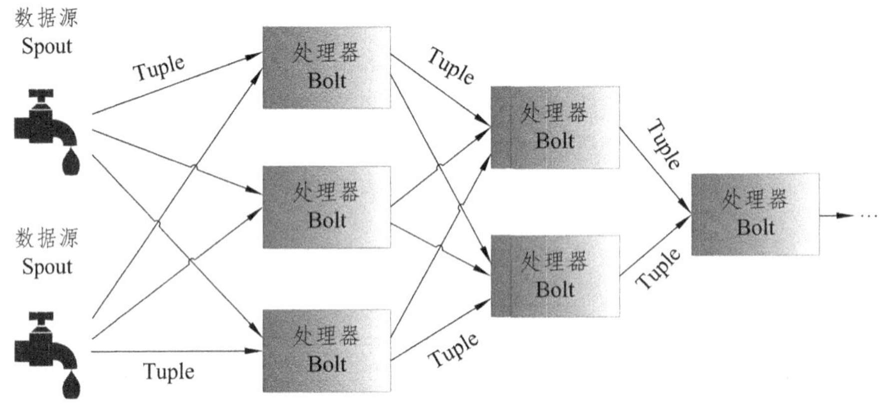

图 2.3　Storm 的流式计算模式

Spout：数据产生器，数据流来源，如 API 或查询等，从这里产生待处理的数据流。将数据流以元组（Tuple）的形式发送出去，Tuple 是不可变元组，对应着固定的键值对。

Bolt：对数据进行分阶段处理，Bolt 相互连接以组成所有必要的处理。经过 Bolt 处理后的数据流可以流向下一个 Bolt，或处理完毕可以流向输出。在最后，可以使用最终的 Bolt 输出作为相互连接的其他系统的输入。

其他系统组件包括：

（1）Nimbus：负责在集群里面发送代码，分配工作给机器，并且监控状态。

（2）Supervisor：会监听它所在那台计算机上的工作，根据需要启动/关闭工作进程 Worker。它部署在每一个要运行 Storm 的机器上。

（3）Zookeeper：是 Storm 重点依赖的外部资源。Nimbus 和 Supervisor 甚至实际运行的 Worker 都把心跳保存在 Zookeeper 上。Nimbus 也根据 Zookeerper 上的心跳和任务运行状况，进行调度和任务分配。

Storm 的系统结构与工作原理如图 2.4 所示。

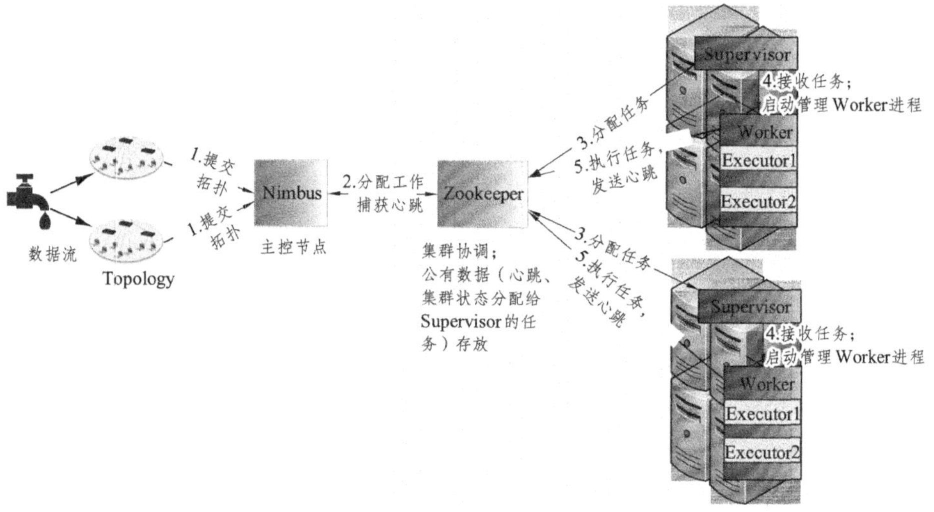

图 2.4　Storm 的结构与工作原理

默认情况下，Storm 提供了“至少一次”的处理保证，意味着可以确保每条数据至少可以处理一次，但如果遭遇失败，每条数据可能会处理多次。Storm 无法确保可以按照特定顺序处理数据。

Storm 流式处理的优势在于可以用极低延迟处理数据，可以构建一个水平扩展的分布式系统。Storm 基本保证每条消息都能被处理，但也可能重复处理。Storm 具有高容错能力，组件是无状态的，随时可以宕机重启。其局限是无法保证消息的处理顺序，内存占用率高。

在互操作性方面，Storm 可与 Hadoop 的 Yarn 资源管理器进行集成，因此可以很方便地融入现有 Hadoop 部署。除了支持大部分处理框架，Storm 还可支持多种语言，为用户的拓扑定义提供了更多选择。

3. 混合框架——Spark Streaming

Spark 是非常受欢迎的批处理框架，包含 Spark SQL，MLlib 和 Spark

Streaming 技术。Spark Streaming 流处理可以完成近实时的大数据计算任务，另一方面可实现一种混合框架——微批处理，即将输入数据流按时间间隔（如 1 s）预先分成短小的批处理作业（Discretized Stream），每一段数据转换成 Spark 中的 RDD（Resilient Distributed Dataset），并以类似 Spark 作业的方式处理 RDD。

批处理与流式处理的混合模式可以优势互补，获得更大的效益。

（1）流式处理与批处理进行串联。之前提及的大型强子对撞机的例子中，每秒 PB 级的数据先经过流处理模型进行过滤，只有那些科学家感兴趣的撞击数据保留下来进入存储系统，留待批量计算模式处理。这样，欧洲核子研究中心每年新增的数据存储量可以大大减少到 25 PB。

（2）流式处理与批处理进行并联：流处理负责动态数据和实时智能，批处理负责静态数据和历史智能，实时智能和历史智能整合成为全智能。

本书聚焦于大数据存储管理与分析相关的技术革新，因此后续将重点阐述数据仓库、NoSQL（以 HBase 为主要研究对象）、NewSQL（以 Hive 为主要研究对象）、OLAP 分析的概念、技术和技术变革。图 2.5 是数据管理与分析需求驱动的技术变革进阶过程。

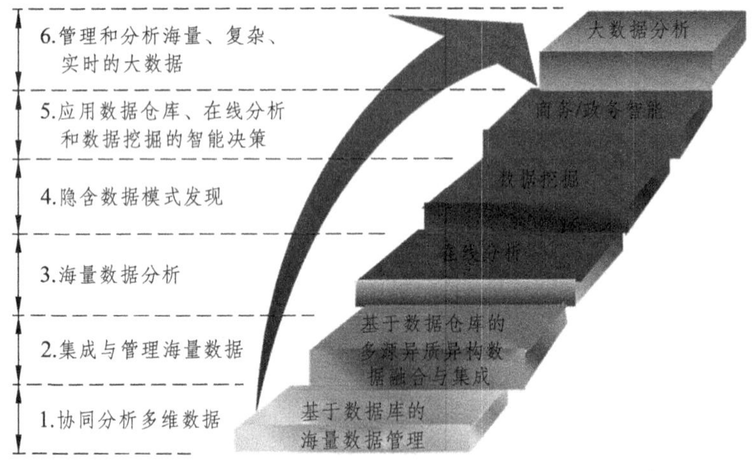

图 2.5　数据管理与分析需求驱动的技术变革进阶

参考资料

[1] Divyakant Agrawal,Philip Bernstein,et al. Challenges and Opportunities with big data. A community white paper developed by leading researchers across the United States. Nov. 2011 to Feb. 2012, https://docs.lib. purdue. edu/cctech/1/（2018-08-02 访问）

[2] Dunren Che,Mejdl Safran,Zhiyong Peng. From Big Data to Big Data Mining:Challenges,Issues,and Opportunities. DASFAA 2013:1-15.

[3] 李建中,刘显敏. 大数据的一个重要方面:数据可用性[J]. 计算机研究与发展,2013,50(6):1147-1162.

[4] 李默涵,李建中. 数据时效性判定:关键理论和技术[J]. 智能计算机与应用,2016,6(6):72-75.

[5] Editors:Linda T Kohn,Janet M Corrigan,Molla S Donaldson. To Err is Human:Building a Safer Health System. Committee on Quality of Health Care in America,Institute of Medicine. Natioanl Academies Press,2000. https://www.nap.edu/catalog/9728/to-err-is-human-building-a-safer-health-system.（2019-01-23 访问）

[6] Wayne W Eckerson. Data quality and the bottom line. Data Warehousing Special Report,2002. http://www.docin.com/p-721778753.html.（2019-01-23 访问）

[7] Larry P English. Information Quality Management: The Next Frontier[J]. ASQ World Conference on Quality and Improvement. USA,2001,Vol.55: 529-533.

[8] Woolsey Ben,Matt Schulz. Credit card statistics,industry facts,debt statistics. Creditcards.com,2008.

[9] Shilakes Christopher,Tylman Julie. Enterprise Information Portals. Merrill Lynch,New York,USA,1998.

[10] ERHARD RAHM,HONGHAI DO. Data Cleaning:Problems and Current Approaches[J]. IEEE Data Eng.Bull.,2000,23(4):3-13.

[11] 于富东. 大数据平台的关键技术及组网方案[J]. 电信科学,2015,31(7):158-163.

[12] 孙大为,张广艳,郑纬民. 大数据流式计算:关键技术及系统实例[J]. 软件学报,2014,25(4):839-862.

第 3 章　从关系数据管理到 NoSQL 技术的变革

【本章要点】

- ✧ 关系数据模型在大数据管理的局限性
- ✧ 面向大数据特点的数据管理技术革新

3.1　关系数据库核心特点简介

Edgar Codd 在 1970 年发表了著名的《大型共享数据库的关系模型》论文，首次提出了关系数据模型理论。从此关系数据模型因其简洁明了，具有坚实的数学基础，数据与数据管理/处理功能相分离等特点成为数据科学领域的领军技术。基于关系模型的数据库及相关的管理技术成为了主流产品，并驱动了无数的衍生和扩展软件的诞生，至今在数据管理与处理市场上的地位不可撼动。

关系数据库由大量二维数据表组成，关系数据模式即是数据表文件的模式，可简单表达为：$R(A_1, A_2, \cdots, A_n)$。R 是关系名，也是数据表名；A_i（$i \in [1, n]$）是属性名，也是关系表的各列名；二维表的行，也称为元组，是数据记录，由列属性取值范围内的值组合形成。表 3.1 是一个学生信息表的示例。

表 3.1　数据库关系表示例

学生信息表

学生学号	学生姓名	学生性别	所属学院
20250001	张小平	F	计算机学院
20251010	吴闽	M	机械工程学院
20250099	孙一菱	F	电子技术学院

关系模式具有 4 个性质：

（1）关系中属性的取值是原子的，即是取值不可再分。

（2）关系的行是没有顺序的，一张数据表是元组的集合。

（3）关系的列没有逻辑意义上的先后顺序。但一经定义，各属性列存在位置上的先后顺序。通常情况下，不再改变列的顺序。

（4）关系表中的元组不重复。

关系数据库最核心的特点有：

（1）数据独立性（Data Independence）：将数据模式与存储方式和数据库应用程序分离。例如，某属性列的数据类型是整数或字符串，是否定义默认值等，与如何查询这些属性值或如何实现数据的统计应用无关，从而既保持了数据存储的持久性，又能灵活地实现各种不同的数据应用。

（2）高效数据访问（Efficient Data Access）：数据库管理系统（DBMS）利用许多复杂的技术（如索引）来高效存储和检索数据，实现了快速满足应用的需求。

（3）数据完整性与安全性（Data Integrity and Security）：DBMS 建立完整性约束，包括一张表内部属性之间的约束和关系表之间的外键约束。DBMS 提供了访问控制机制，每个用户或用户组的帐户由加密口令进行保护，不同的账户有不同的访问权限。

（4）数据集中管理：数据库对数据进行集中控制和管理，并通过数据模型来定义和规范数据的静态结构和完整性关联。数据的集中管理可以减少数据冗余（Redundancy）和不一致，实现较好的数据共享。

（5）并发访问与故障恢复：为了增强多用户共享数据库的事务处理性能，最大化地利用数据库资源，并发访问控制技术保证了多用户事务可以并发地利用数据库资源，而不会出现数据不一致错误。数据库一旦发生故障，数据库管理系统具有根据情况采取不同策略，将数据库恢复到一致、正确的状态的能力。

（6）缩短应用开发时间：数据库的功能和相关任务由 DBMS 来完成，应用系统开发的难度降低，开发时间缩短。

（7）持久性存储（Persistent Storage）：数据库可以为程序对象和数据结构提供持久性存储。

3.2 关系数据模型在大数据处理方面的局限

关系数据库是一种行式数据库，即按照行的顺序存储数据库，如图 3.1 所示。基于关系数据库这样的存储方式，添加新数据方便又快捷，因为只需要在存储块的最后完成添加即可。元组（行）级更新数据可容易地根据主键找到对应的行进行修改，但大量有条件的更新则需要基于一列或几列的值进行更新，速度受到影响。

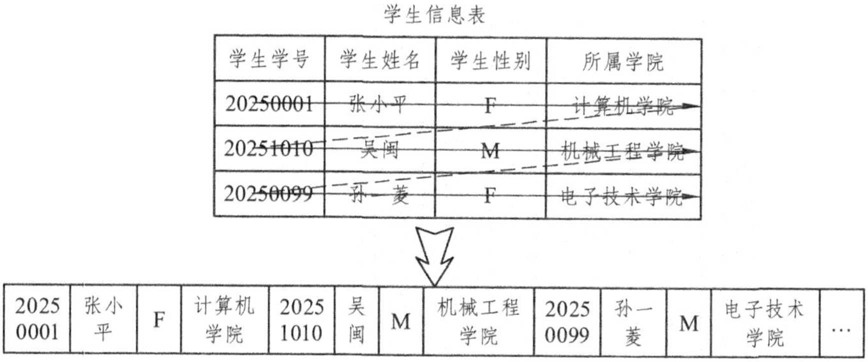

学生信息表

学生学号	学生姓名	学生性别	所属学院
20250001	张小平	F	计算机学院
20251010	吴闽	M	机械工程学院
20250099	孙一菱	F	电子技术学院

2025 0001	张小平	F	计算机学院	2025 1010	吴闽	M	机械工程学院	2025 0099	孙一菱	M	电子技术学院	…

图 3.1　行式数据库中表数据的存储方式

特别地，针对大数据特点带来的挑战，关系型数据库有很大的局限性：

（1）随着应用与用户的激增，数据库要完成高效的处理任务，必须面对大量的读写请求，并发控制策略已经无法胜任这样的工作。例如，截至 2018 年 9 月，淘宝天猫月度活跃用户数净增加 3 200 万，达到 6.66 亿[1]。2018 年的“双十一”天猫 24 h 的交易量是 2 135 亿元。应对巨量用户的查询和交易，必须对关系数据库进行革新。

关系型数据库的存储结构非常不利于大量的有条件更新和复杂查询任务，因为当查询条件是某几列而不是全部列时，需要把所有行都读入内存，然后选择那些列的取值满足条件的行进行处理，当数据量巨大时，读写全部数据行的时空代价十分高，无法满足快速响应用户查询的需求。

（2）数据分析需要进行复杂的多表关联查询。而基于行的存储结构在进行多表联结时，需要从多个存储块中选择对应的行进行组合，代价高昂。

针对这样的局限性，可以采用 2.4.3 节讨论的数据主从模式提升数据管理和访问性能。一台主数据库负责数据写，多台从数据库负责并行的数据读，从而提高了数据查询性能。但这样的方案是通过增加计算机硬件和从数据库数量为代价的。另一方面，数据库更新性能并未提高。为了提升数据库更新性能，一种改进是采用多主数据库方式，这种方式需要将更新任务针对存放在不同主数据库上的数据表进行调度，出现的另一问题是分布在不同服务器的主数据库上的数据表之间无法进行联结操作。

由此可见，在大数据环境下，基于行式存储方式的关系数据库存在本质上的缺陷，不能适应大数据的巨量、高速、多样化等特性，对新出现的性能问题无能为力。

3.3 面向大数据特点的数据管理技术革新

为了解决大数据 5V 带来的挑战，数据管理和处理领域出现了大量的革新技术。除了第 2 章已经介绍的分布式计算架构（如 Hadoop，Spark）、数据库分片模式、批量计算与流式计算模式等，NewSQL 和 NoSQL 等数据管理技术应运而生，为大数据管理和分析提供了多种策略。

NoSQL 意味着 Not Only SQL，泛指非关系型的数据管理技术，在解决数据巨量、数据类型模式多样化方面发挥着重要作用。NoSQL 具体可以划分为 4 种类型：键值对存储、列式存储、文档型数据库和图形数据库。

DB-Engines 公司[2]对各类数据库和数据存储机制使用热度每个月都进行排序。图 3.2 是该公司 2018 年 10 月公布的 2013 年以来所有类型数据库的热度变化。从图 3.2 中可以看到，关系型数据库一骑绝尘，仍然是最受欢迎的数据存储和管理机制，前三名均为关系型数据库系统，第四名 PostgreSQL 是加州大学伯克利分校计算机系开发的对象-关系型数据库管理系统（ORDBMS）。MongoDB 作为文档型数据库上升趋势很快。随后是 Key-Value 型的 Redis，列式存储的 Cassandra 和 HBase，NewSQL Hive，以及上升趋势十分明显的图形数据库 Neo4J。

3.3.1 键值对（Key-Value）存储

在这种数据管理模型中，数据模型表达为键值对（Key-Value）。它适合于管理非结构化的数据。由于键与值的对应起到了索引的作用，存储结构十分简单，所以能够实现快速查询。不足在于无法管理数据之间的业务关系，查询获取数据只能基于键匹配。相应的数据库有 Redis，Voldemort，Berkeley DB，Cassandra，BigTable 等。

键值对存储又分为临时性、永久性和两者兼具三种。

（1）临时性。意味着数据有可能丢失，Memcached 是一个高性能的分布式内存对象缓存系统，基于键值对的 Hashmap。由于所有数据都保存在内存中，存储和读取速度非常快，但是当结束 Memcached 后，数据就不存在了。

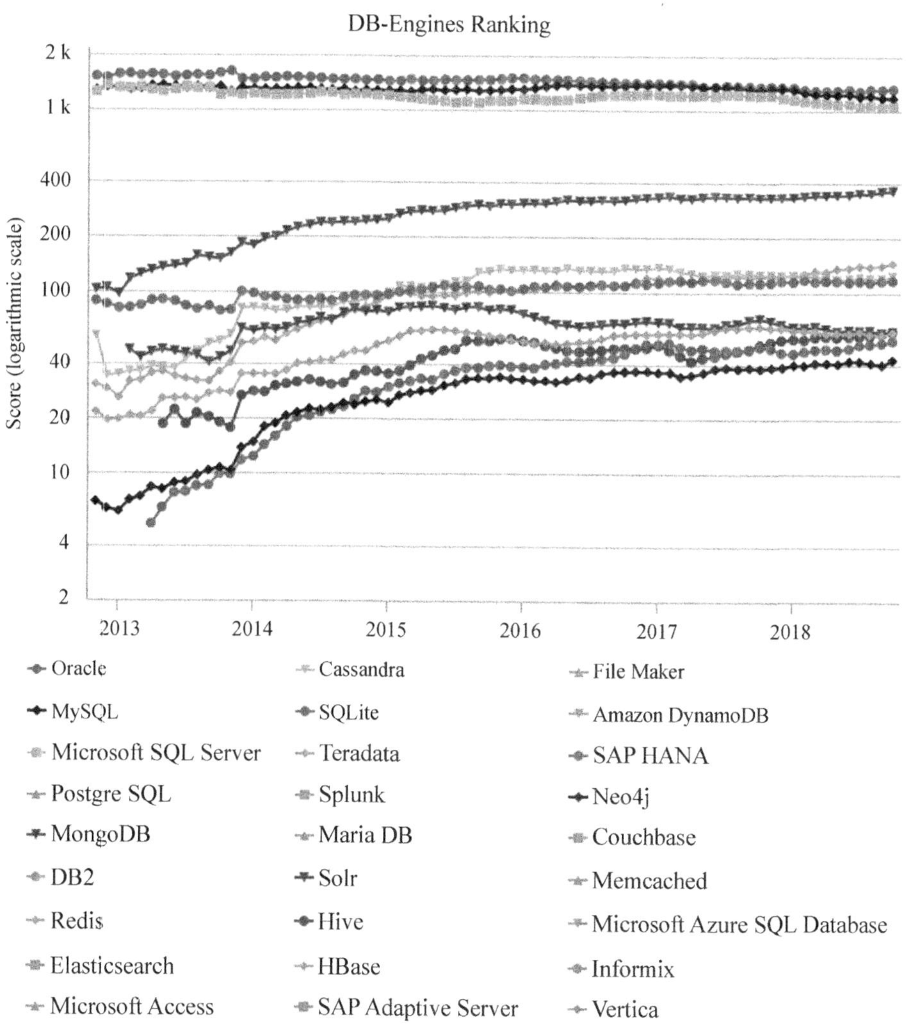

DB-Engines Ranking

Score (logarithmic scale)

2 k
1 k
400
200
100
40
20
10
4
2

2013　2014　2015　2016　2017　2018

Oracle　Cassandra　File Maker
MySQL　SQLite　Amazon DynamoDB
Microsoft SQL Server　Teradata　SAP HANA
Postgre SQL　Splunk　Neo4j
MongoDB　Maria DB　Couchbase
DB2　Solr　Memcached
Redis　Hive　Microsoft Azure SQL Database
Elasticsearch　HBase　Informix
Microsoft Access　SAP Adaptive Server　Vertica

图 3.2　2013 年以来所有类型数据库的热度变化

2013 年以来所有类型数据库的热度变化（扫码查看彩图）

（2）永久性。数据不会丢失，将键值数据保存在硬盘上，进行快速的存储和读取处理，但速度低于 Memcached。

（3）两者兼备。Redis 属于这种类型。Redis 是一个开源的使用 ANSI C 语言编写，可基于内存又可硬盘存储的日志型、键值对数据库。Redis 首先把数据保存在内存中，在满足特定条件时（默认是 15 min 后至少有 1 次以上，5 min 后有 10 次以上，1 min 后有 10 000 次以上的键变更时），将数据快照自动写入硬盘中，这样既确保了内存中数据的处理速度，又保证了数据的持久性。它适合处理数组类型的数据。

3.3.2 列式存储

列式存储就是将数据按列的顺序依次存放，如图 3.3 所示。数据即是索引，查找速度快。基于这样的存储结构，复杂的属性过滤条件查询只需要访问查询涉及的列，大大降低了 I/O 代价。由于按列存储，类型一致的数据集中存放，数据压缩比高。但这样的存储结构不适合添加大量新数据，也不适合元组级的更新操作。

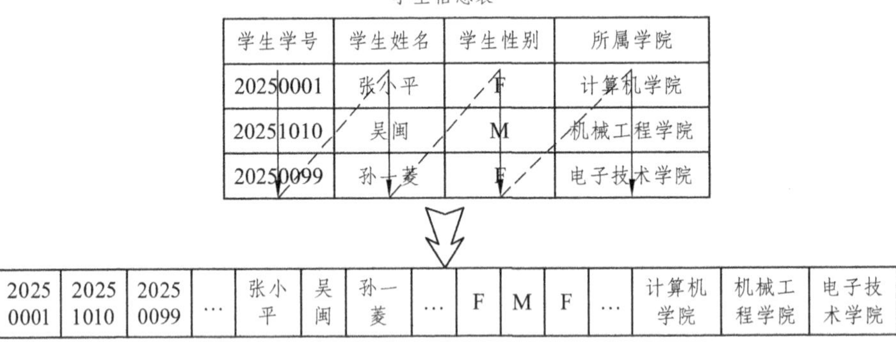

图 3.3 列式存储方式

列式数据库具有以下的优点：

（1）适用于分布式的文件系统，可扩展性强；

（2）大数据的复杂查询操作速度快，因为可以直接读取列数据，无须像关系数据库那样，选择行数据再进行投影；

（3）大大提高了复杂条件查询和有条件更新的速度；

（4）高效的压缩率，不仅节省储存空间也节省内存和 CPU 资源；

（5）适合完成聚合操作，适合应用于 OLAP（On-Line Analytic Processing）数据仓库和数据分析领域。

列式数据库的局限性如下：

（1）实时加载数据仅限于增加，因为删除和更新需要解压缩，然后计算，再重新压缩储存；

（2）多表联结取决于 Join 算法和统计结果的存放；

（3）不适合随机的、实时的删除和更新，原因同（1）；

（4）批量更新情况各异，优化的列式数据库（如 Vertica）表现较好，有些没有针对更新的数据库则表现比较差。

采用列式数据存储方式的数据库有 Cassandra，HBase，Riak。这里简单讨论 Cassandra 的存储结构。Cassandra 最初由 Facebook 开发，集成了 Google BigTable 的数据模型与 Amazon Dynamo 的完全分布式的架构，在 2008 年开源。因 Cassandra 良好的可扩展性，被 Twitter 等的 Web2.0 网站所采纳，成为一种流行的分布式非关系型数据存储策略。2010 年 Cassandra 成为 Apache 项目。

Cassandra 的数据结构是广义上的键值对，按列的方式存储在类似表的形态中。表 3.1 的关系型数据在 Cassandra 中的存储结构如表 3.2 所示。

第 4 章将会讨论更多关于列式数据存储技术——HBase。

表 3.2 Cassandra 中的数据存储结构

<table>
<tr><td colspan="4">Keyspace：Keyspace1</td></tr>
<tr><td colspan="4">ColumnFamily：Students</td></tr>
<tr><td>Key</td><td colspan="3">Columns</td></tr>
<tr><td rowspan="5">202500001</td><td colspan="3">Columns</td></tr>
<tr><td>name</td><td>value</td><td>timestamp</td></tr>
<tr><td>“学生姓名”</td><td>“张小平”</td><td>20180808000000</td></tr>
<tr><td>“学生性别”</td><td>“F”</td><td>20180808000010</td></tr>
<tr><td>“所属学院”</td><td>“计算机学院”</td><td>20180808000020</td></tr>
<tr><td rowspan="5">20251010</td><td colspan="3">Columns</td></tr>
<tr><td>name</td><td>value</td><td>timestamp</td></tr>
<tr><td>“学生姓名”</td><td>“吴闽”</td><td>20180808000050</td></tr>
<tr><td>“学生性别”</td><td>“M”</td><td>20180808000053</td></tr>
<tr><td>“所属学院”</td><td>“机械工程学院”</td><td>20180808000059</td></tr>
<tr><td rowspan="5">20250099</td><td colspan="3">Columns</td></tr>
<tr><td>name</td><td>value</td><td>timestamp</td></tr>
<tr><td>“学生姓名”</td><td>“孙一菱”</td><td>20180808000089</td></tr>
<tr><td>“学生性别”</td><td>“F”</td><td>20180808000093</td></tr>
<tr><td>“所属学院”</td><td>“电子技术学院”</td><td>20180808000100</td></tr>
<tr><td>…</td><td colspan="3">…</td></tr>
</table>

3.3.3 文档型数据库

文档型数据库，顾名思义适合于存储和管理文档。与传统关系数据库不同，所有信息在文档型数据库存储在一个对象中而不是分离的数据表中。文档型数据库意味着，文档封装和数据/信息用某些标准格式编码，编码格式如 XML，JSON，BSON，或者 PDF，MS Word 等，如表 3.3 所示。

表 3.3 用 JSON 和 XML 格式表达表 3.1 中的关系数据

JSON 格式	XML 格式
{ “学生”: [{“学号”:“20250001”,“学生姓名”:“张小平”,“学生性别”:“F”,“所属学院”:“计算机学院”}, {“学号”:“20251010”,“学生姓名”:“吴闽”,…}, {…}] };	<学生> <学生 1> <学号> 20250001 </学号> <学生姓名>张小平</学生姓名> <学生性别>F</学生性别> <所属学院>计算机学院 </所属学院> </学生 1> <学生 2> <学号> 20251010 </学号> … </学生 2> <学生 3> … </学生 3> </学生>

从表 3.3 中可以看出，文档型数据库也可看成是广义的键-值存储，允许嵌套键值，键是标签，而值就是标签对应的信息。这样的存储方式对数据结构要求不高，适合管理无结构或半结构的信息，但缺乏统一的查询语言，数据处理和查询的效率不高。

与键值存储不同的是，面向文档的数据库可以通过复杂的查询条件来获取数据，虽然不具备事务处理和 Join 这些关系型数据库所具有的处理能力，但仍然可以完成较多类型的查询。

MongoDB 作为文档型数据库的代表，近几年来发展势头很好。图 3.4

是 2018 年 10 月公布的 2013 年以来文档型数据库的热度趋势[2]。

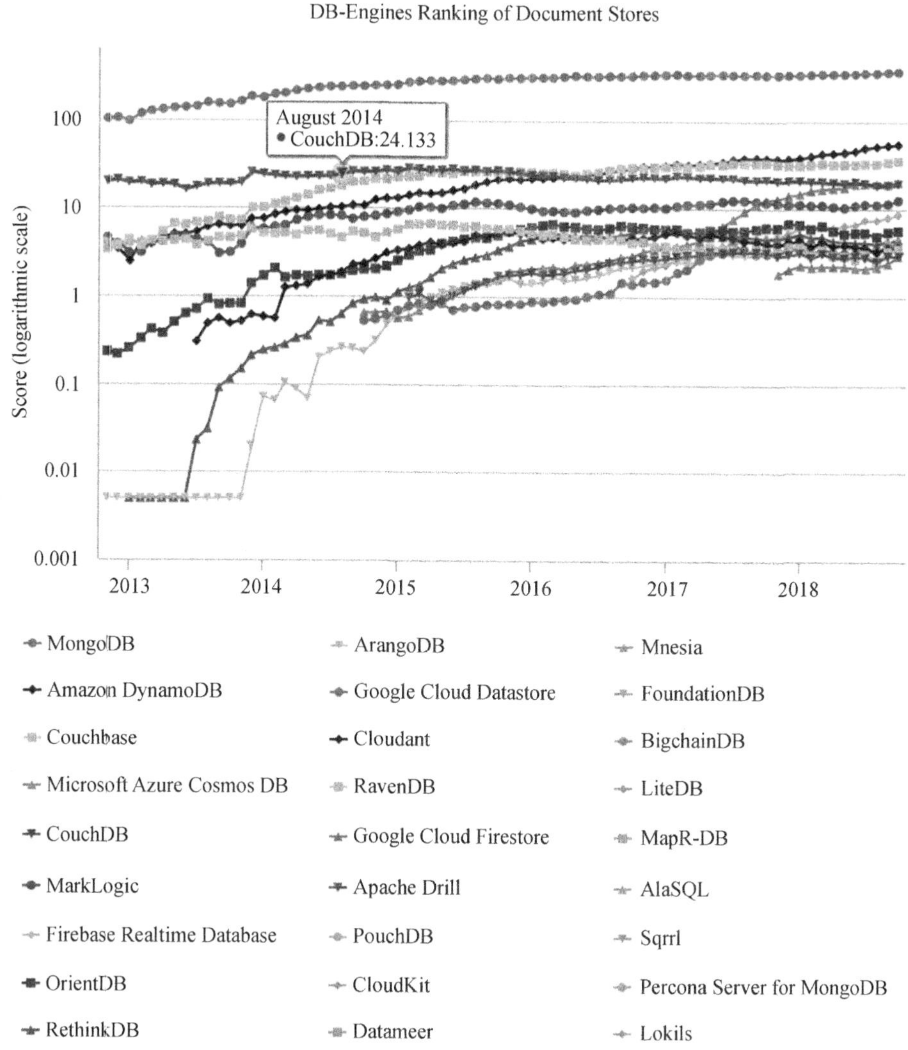

DB-Engines Ranking of Document Stores

August 2014
• CouchDB:24.133

Score (logarithmic scale)

100
10
1
0.1
0.01
0.001

2013　2014　2015　2016　2017　2018

MongoDB	ArangoDB	Mnesia
Amazon DynamoDB	Google Cloud Datastore	FoundationDB
Couchbase	Cloudant	BigchainDB
Microsoft Azure Cosmos DB	RavenDB	LiteDB
CouchDB	Google Cloud Firestore	MapR-DB
MarkLogic	Apache Drill	AlaSQL
Firebase Realtime Database	PouchDB	Sqrrl
OrientDB	CloudKit	Percona Server for MongoDB
RethinkDB	Datameer	Lokils

图 3.4　2013 年以来文档型数据库的热度变化趋势

2013 年以来文档型数据库的热度变化趋势（扫码查看彩图）

MongoDB 来源于“humongous”，即“奇大无比”之意，旨在管理海量非结构化的大数据。MongoDB 是 NoSQL 中功能丰富，最接近关系数据库的分布式文档型数据库，采用类似 JSON（JavaScript Object Notation）的 BSON（Binary Serialized Document Format）格式，也是一种广义的“键-值”数据格式。MongoDB 支持的查询语言简明，其语法有点类似于面向对象的查询语言，例如：db.学生.find（{}），可实现查询学生对象中的全部数据。这个查询语言能实现类似关系数据库单表查询的绝大部分功能，而且还支持对数据建立索引。

1. 功能特点

MongoDB 经过几个版本的迭代，目前版本号为 4.0.5。它具备的高性能、高扩展性、自动分片、副本集、无严格模式、类 SQL 的丰富查询和索引等特性，吸引越来越多的企业用户。

（1）没有严格定义和规范的模式（Free-Schema），所以可提供简单灵活的动态模式，适合快速开发和迭代场景；

（2）BSON 文档结构可以直接表达复杂结构的对象，非常接近 In Memory 数据模型；

（3）支持主从（Master-Slaver）和副本集（Replica-Set）两种复制方式，保证数据高可靠、服务高可用，实现自动容灾和多并发的读写分离功能；

（4）自动分片（Auto-Sharding）为存储容量和服务能力提供水平扩展的能力，增加了集群的吞吐量；

（5）存储引擎使用 MMAP 内存映射文件（Memory Map）的方式，提供高性能的查询，可作为缓存数据库使用；

（6）具备丰富的查询支持，支持实时的 update、insert、delete 等操作，提供位置索引、文本索引、TTL 索引、地理索引等多类型的索引；

（7）能够很好地兼容 Hadoop 和 MapReduce。

MongoDB 的文档模型 BSON、分片和副本集是 3 个很重要的概念，下面着重讨论。

2. 文档模型 BSON

MongoDB 是面向文档的半/非结构化存储方案，使用文档来展现、查询和修改数据。文档是 MongoDB 中数据的基本单位，类似于关系数据库中的“行”，是一组键-值对。多个键及其关联的值有序地放在一起就构成了文档“集合”。键用于唯一标识一个文档（Document），为字符串类型，而值则可以是各种复杂的文件类型，如 String，Integer，Double，List，Array，Date，甚至嵌套文档（即一个文档里面的 Key 值可以是另外一个文档）等。我们称这种二进制对象存储格式为 BSON，类似 JSON 但比 JSON 更高效。BSON 的特点是轻量性、可遍历性、高效性，但空间利用率较低。下面是一个 BSON 文档例子。

```
{  title: "Big Data Processing",
   last_editor: "T. Gates",
   last_modified: new Date ("16/11/2018"),
   language: "English",
   categories: ["Data management","NoSQL","Hadoop"],
   Hardcover (pages): 237  }
```

每个文档大括号中，用逗号隔开键-值对。“:”前为键，可以理解为传统关系型数据库表的列或属性；“:”后为值，可以理解为传统关系型数据库表的行上对应属性的取值。BSON 表达与 XML 格式也有相似度。

可以看到文档模型 BSON 和关系数据模型有几个明显不同的地方：一是无须预先定义表结构；二是每条记录的键、值、文档类型都可以完全不同，内容格式随意，即可以将完全不同类型、内容的数据储存在一张“表”中。这张类似传统关系数据库中的“表”在 MongoDB 中被称作“集合”（Collection），集合是无模式（Free Schema）的，集合中的文档可以是各式各样的。因此，MongoDB 适合处理大数据多样化的数据形态，动态存储数据和随时增加数据，而且修改结构十分容易，非常适合快速开发和迭代场景。

MongoDB 中多个键-值对组成 BSON 文档，多个文档组成集合，多个集合组成数据库，MongoDB“文档-集合-数据库”的逻辑结构对应传统关系型数据库的“行-表-数据库”。一个 MongoDB 实例可以承载多个数据库，相互独立，每个数据库都有独立的权限控制。

3. 分片（Shard）

在 MongoDB 中，为了解决数据量增加和 I/O 增加带来的性能问题，采用了分片集群（Sharded Cluster）技术，这是一种水平扩展数据库系统性能的方法。MongoDB 将数据集拆分后分布式存储在不同的分片（Shard）上，不同分片没有重复数据，所有分片存储的数据之和就是完整的数据集。分片集群方式能够将负载分摊到多个分片上，充分利用各片的系统资源，可以应对大数据巨量性，提高数据管理和查询的吞吐量。

4. 副本集（Replica-Set）

在 MongoDB 数据库集群中，启动 Auto-Sharding，可能将数据分片存储在不同的服务器上，如果某一台服务器发生故障，该服务器上的分片失效，数据不可用。为此，MongoDB 提供副本集复制模式。副本集（复制）是将数据同步到多台服务器的过程，提供了数据的冗余备份，由于在多个服务器上存储数据的副本，提高了数据的可用性和系统容错性，容易实现故障恢复。副本集基本结构由一个主节点和一个或多个副节点组成，一主一从或一主多从方式，主节点负责处理客户端请求，从节点负责复制主节点上的数据。副本集的任何节点都可以作为主节点，写操作在主节点上。当一个主节点出现故障，从节点中自动推选一个成为新主节点，保证数据的高可用性及自动故障恢复。

5. 分片与副本集的关系

数据分片后，每个数据分片会有它的多个副本构成副本集，这些副本与数据正本分处在不同的服务器节点上，既提升了数据管理和处理性能，又保证了数据可用性和故障恢复。

6. 应用场景

MongoDB 的应用场景包括内容管理、移动应用、游戏、电商仓储管理、物联网、实时分析、存档和日志管理等。但它不适用于那些需要 SQL、Join，或高度事务性的应用，如银行或会计系统。

例如，可为网站提供数据的实时插入、更新与查询功能，并具备网站实时数据存储所需的复制及高度伸缩性。游戏开发需求变化很快，MongoDB 作为游戏后端数据库，无固定模式可以免去变更表结构的痛苦，大幅度缩短版本迭代周期。MongoDB 支持二维空间索引，提供异构数据的动态存储模式，完美支撑基于位置查询的移动类 APP 的业务需求。

MongoDB 在国内外各行业已有相当成熟的应用，国内使用 MongoDB 的互联网公司包括 58 同城、淘宝、京东、360、百度、大众点评等。

案例一：东方航空的“空间换时间”[3,4]。

中国东方航空作为国内的三大航空公司之一，每天有 1 000 多个航班，需要服务 26 万多乘客。顾客在网站上订购机票，平均要查询 1.2 万次才会发生一次订购行为，东航的运价系统需要支持每天 16 亿次的运价请求。如果这 16 亿次的运价请求通过实时计算返回结果，东航需要对已有系统进行 100 多倍的扩容才能满足。如果采用“空间换时间”的策略，与其对每一次的运价请求进行耗时 300 ms 的运算，不如预计算所有可能的票价查询组合，然后把计算结果存入 MongoDB 里面。当需要查询运价时，直接按照“出发+目的地+星期几”的方式做一个快速的查询，响应时间比较快速，为几十毫秒。

之所以使用 MongoDB，一是看重它处理海量数据的能力，二是它基于内存缓存的数据管理方式决定了对并发读写的响应可以做到很低延迟，水平扩展的方式可以通过多台节点同时并发处理海量请求。

东航这一做法也是借鉴了全球最大的航空分销商 Amadeus。Amadeus 管理着全世界 95%航空库存，正是使用 MongoDB 作为其 1 000 多亿运价的存储方法。

案例二：58 同城百亿量级数据处理[5]。

58 同城作为中国最大的生活服务平台之一，涵盖了房产、招聘、二手商品、二手车、黄页等核心业务。这些业务具有事务性低、数据量级巨大、高并发的特点，需要一款高性能且稳定，能够按照业务进行垂直拆分，同时根据业务存储量和访问量进行横向扩展的数据库——MongoDB 的优势与此不谋而合。

在使用方面，58 同城针对 MongoDB 的 Free Schema 特性带来的部分 Key 重复存储占用空间的问题，采取减少 Key 长度和数据存储压缩的方法，尽可能减少数据存储占用空间；用库级分片和复合文档（Collection）手动分片的方式替代默认的自动分片功能，对数据有针对性地进行分片；集群部署采用前面介绍的分片+副本集的策略，实现高可用集群，并使用 mongosniff、mongostat、mongotop、db.xxoostatus、Web 控制台监控等多种监控相结合的方式。

58 同城在处理百亿量级的数据时，是将业务热点数据和索引的总量全部放入内存中，并通过 Scale up 或者 Scale out 的扩展方式避免内存瓶颈；将频繁更新删除的表放在一个独立的数据库下，减少操作产生的空洞和碎片，从而提高性能；对于大量数据的删除操作带来的数据库性能降低的问题，通过物理文件定时离线删除的方式解决；而大量删除数据产生的数据空洞、大量碎片无法利用的问题，通过碎片整理、空洞合并收缩等方案加以解决。

3.3.4 图数据库（Graph Database）

图数据库源起欧拉以及图理论，也可称为面向/基于图的数据库。图数据库的基本含义是以“图”数据结构来存储和查询数据，不能理解为存储图片的数据库。它的数据模型主要是以节点和关系（边）来体现，也可处理键值对。它的优点是快速解决复杂的关系问题。

1. 图数据库特征与结构

图具有如下特征：① 包含节点和边；② 节点上有属性（键值对）；③ 边有名字和方向，并总是有一个开始节点和一个结束节点；④ 边也可有属性。

图将实体表现为节点，实体与其他实体连接的方式表现为联系。我们可以用这个通用的、富有表现力的结构来为各种场景建模，从宇宙火箭的建造到道路系统，从互联网到社会关系等诸多场景。

图数据库的基本数据结构表达是：$G=(V, E)$，其中 V=vertex（结点），E=edge（边）。一个图模型如图 3.5 所示。

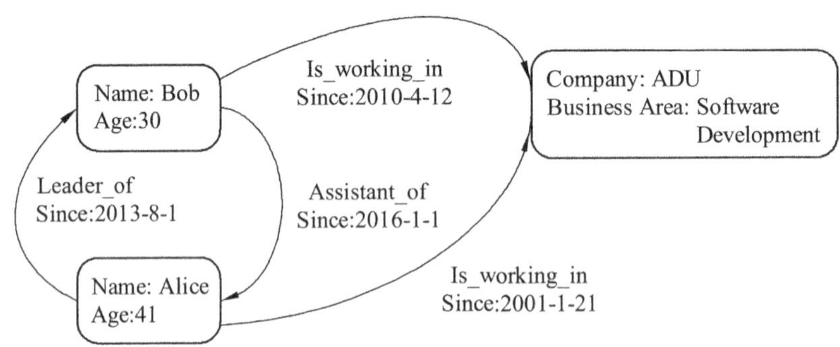

图 3.5　图数据库模型示例

著名的图数据库有 Neo4J，InfoGrid，Infinite Graph。图数据库的典型应用领域有社交网络、实时推荐、金融征信系统等。

（1）图数据库的强项：可利用图结构相关算法。

（2）图数据库的弱项：需要对整个图做计算才能得出结果，不容易形成分布式的集群方案。

2. 图数据库应用实例

领英（LinkedIn）、沃尔玛、CISCO、HP、eBay 等全球知名企业都在使用图数据库 Neo4j。中国企业也逐步开始用图数据库来构建各类应用。特别是在征信领域，工商总局、天眼查、启信宝、企信宝、企业信用信息、企查查等 APP 都用了图数据库。华为、联想也在密切关注图数据库 Neo4j，考虑将它纳入 PaaS 平台[6]。

案例一：沃尔玛实时推荐系统[7]。

沃尔玛顾客期待高个性化的推荐系统，而不是“以不变应万变”的建议。为此，沃尔玛的研究机构用 Neo4J 代替了一个复杂的批处理过程。通过设计，Neo4J 图数据库可以快速地查询顾客的历史购买行为，持续地捕捉顾客当前在线访问中显示出的新的兴趣，通过协同计算，能帮助研究人员理解在线顾客的行为和顾客与产品之间的关系，提供了实时产品推荐。基于图数据库的实时推荐系统性能上胜过了关系数据库和其他 NoSQL 数据库。

案例二：巴拿马文件（Panama Papers）与欺诈检测[8]。

2016 年 3 月，全球约 100 家媒体突然统一播发了一条重大新闻：属于巴拿马一家法律事务所 Mossack Fonseca 的 2.6 TB 数据在 2015 年被泄露了。这一事件，被称为 Panama Papers。被泄露的文本中有 214 488 项离岸业务有关金融和所代理客户的详细信息。国际调查记者同盟（International Consortium of Investigative Journalists，ICIJ）公布了这些文件，曝光了全球大量地位高端人士在巴拿马这个避税天堂隐藏离岸资产的详细信息。

曝光的巴拿马文件是巨量的，约计为 300 万文件，2.6 TB 数据。如何管理巨量数据是十分关键的。这里，Neo4J 技术被用来创建结点和边，将跨数据库和文档的数据关联到一起，这些数据包括已经经过 ETL 处理的 emails，excel 文件等。基于图可视化方法（由 Neo4J 的伙伴 Linkurious 提供的 Web App），ICIJ 的记者们可以在 Neo4J 中确定人与银行账号之间的联系，帮助他们跟踪钱的来往，从而发现了许多欺诈、腐败和逃税的实例。

参考资料

[1] 央广网,科技频道. 阿里Q2财报:淘宝天猫消费者超6亿,蚂蚁国内活跃用户超7亿. 2018-11-02. http://tech.cnr.cn/techgd/20181102/ t20181102_524403414.shtml.（2019-01-28 访问）

[2] DB-Engines. DB-Engines 数据库排行榜. https://db-engines.com/en/ranking.（2019-01-28 访问）

[3] 搜狐科技. 东方航空到底用 MongoDB 做了什么,为什么选择 MongoDB? 2016-09-10. http://www.sohu.com/a/114071475_116235.（2019-01-29 访问）

[4] MongoDB 中文社区. MongoDB+Spark:完整的大数据解决方案. 2016-09-02. http://www.mongoing.com/tj/mongodb_shanghai_spark.（2019-01-29 访问）

[5] 孙玄. MongoDB 在 58 同城百亿量级数据下的应用实践. 极客邦科技 InfoQ，2016-09-06. https://www.infoq.cn/article/app-practice-of-mongodb-in-58-ten-billion-scale-data.（2019-01-29 访问）

[6] 张帜. 大数据时代的新型数据库——图数据库 Neo4j 的应用. 微云数聚（北京）科技有限公司. 2017-03-17. http://www.sohu.com/a/129129099_609518.（2019-01-29 访问）

[7] Kamille Nixon. How Walmart uses Neo4j for Retail Competitive Advantage. Neo4j Blog. https://neo4j.com/blog/walmart-neo4j-competitive-advantage/.（2019-01-29 访问）

[8] Claudio G Giancaterino. Graph Database (Neo4j),Fraud Detection (Panama Papers) and Python. Data Science Milan.2017-10-02. http://datasciencemilan.org/2017/10/02/graph-database-neo4j-fraud-detection-panama-papers-and-python/.（2019-01-29 访问）

第 4 章　列式数据管理技术——HBase 数据库

【本章要点】

- ✧ 列式数据管理技术
- ✧ HBase 的数据模型、集群架构、索引技术
- ✧ HBase 的作用与局限

4.1　HBase 概述

自 E. Codd 建立了关系数据模型以来，RDBMS 一直是最有效、最广泛使用的数据管理和维护技术。大数据时代的到来，促使人们开始思考如何有效地管理和维护具有更具挑战性特点的大数据。特别是 Hadoop 框架推出后，迫切需要能适配 Hadoop 的大数据管理技术。

1. Hadoop 的局限性

Hadoop 应用分布式文件系统和 MapReduce 存储和处理大数据。但是它仅能完成批量数据访问，且只能顺序访问数据。这意味着为了一个最简单的工作，可能需要遍历整个数据集。为了解决这个问题，大数据的随机访问技术是十分必要的。HBase，Cassandra，couchDB，Dynamo，MongoDB 等新型数据库正是技术革新，这些数据库管理海量数据并且用随机的方式访问数据。

2. HBase

HBase 属于 NoSQL 数据库，是大数据管理系统和 Google 的 Big Table 数据库技术的开源实现。Google 也使用 HBase 管理大量数据，这些数据用于如 Google Earth 和 Web index data 中。

HBase 可置于 Hadoop 之上，对 HDFS（Hadoop Distributed File System）进行随机的数据读写。当然也可以使用其他数据管理机制，如在 Amazon S3

中存储数据，而 Amazon S3 具有与 HDFS 完全不同的结构。数据用户可以使用 HBase 随机读取/访问 HDFS 中的数据，数据产生者可以通过 HBase，也可以直接将数据存储在 HDFS 中。

HBase 的数据模式中有行和列，但不同于面向行的关系型数据库，HBase 是列式数据库，按列进行存储（参见 3.3.2 节的介绍）。HBase 将数据存储在内存表，然后大批量地写入磁盘进行存储。因此，该技术支持大数据应用需要的高吞吐量。

HBase 具有主从结构，其中主服务器协调区域服务器（Region Server），而区域服务器负责数据读、写和其他数据操作，具有水平可扩展性。Apache Zookeeper 与 Hadoop 一起安装，负责配置和分布式操作。

4.2 HBase 数据模型

HBase 与熟悉的关系数据库不同，它是一个稀疏的、多维度的、排序的映射表，它的数据都是字符串，没有其他的类型。在表中存储数据时，每行都有一个可排序的主键（主键之一的行键按字典顺序排列）和任意多个列。由于 HBase 的无模式特性，同一张表里的每一行数据都可以有截然不同的列。HBase 中每张表都有一个列族集合，HBase 通过列族的概念来组织数据的物理存储。HBase 中所有数据库在更新时都有一个时间印标记，每一次更新都是一个新的版本，HBase 会保留一定数量的版本，客户端可以选择获取距离某个时间点最近的版本单元的值，或者一次获取所有版本单元的值。

4.2.1 HBase 数据模型要素

（1）表（Table）：由多行（Row）构成一个集合。

（2）行（Row）：由多个列族（Column Family）构成。行不必有相同的列（见表 4.1），从而形成了非固定结构的数据模式。逻辑上看 HBase 表十分稀疏（见表 4.1），但那些没有定义的列在 HBase 不会占据存储空间，这是与关系数据库管理系统的最大区别，因为关系数据模式的列（属性）一旦定义，就占据了存储空间。

表 4.1　HBase 数据模式示例

TableName（表名）

Row Key（行键）	Time Stamp（时间印）	Column Family1（列族，CF1）						Column Family2（列族，CF2）	
		Column 1（列，C1）	value	C2	value	C3	value	C9	value
Row1（行 1）	T1	CF1:C1(列键，ColumnKey)	ABC			CF1:C3	HIJ		
	T2			CF1:C2	XYZ				
Row2	T3							CF2:C9	LMN

（3）列族（Column Family）：是众多列（Column）的集合。HBase 用列族而非列来存储数据。使得基于列的检索更为快速，因为数据相邻，访问的代价小。

（4）列（Column）：是数据项，如产品的价格。每个列族可以拥有任意数量的列。通过标签或列键（ColumnKey）识别。列键由“列族名：列标识”组成。例如，表 4.1 中的一个列键例子为 CF1：C1。

（5）时间印（Time Stamp）：一行和一个列族确定的数据可以有多个版本，不同的版本由时间印来唯一标识。时间印是 64 位整型数，可以是任一种时间格式。时间印可以由 HBase（在数据写入时自动）赋值，此时时间印是精确到毫秒的当前系统时间。时间印也可以由客户显式赋值。如果应用程序要避免数据版本冲突，就必须自己生成具有唯一性的时间印。每个数据单元中，不同版本的数据按照时间倒序排序，即最新的数据排在最前面。

（6）行键（Row Key）：在行键列上可以存储任何值。由于 HBase 采用 ASCII 码（附件 1）顺序管理行键值，因此相似的数据项相邻，有利于快速查询。例如，谷歌在 Big Table 数据库解释文档中使用了他们 Web 索引的例子，域名数据 abc.com 与 sales.abc.com 存放在一起，就是因为 ASCII 码排序的缘故。尽管其他存储模型可以为行键起名，如 ProductNumber，但 HBase 不能给行键起名。

（7）单元（Cell）：用来存放数据值 value，如表 4.1 中的 ABC。技术上，HBase 用 maps 的方式存储和访问数据。Python，Scala 和 Java 中，一个 map 是一个（key→value）数据结构，不允许冗余键存在。谷歌称 HBase 是一个“稀疏的、一致的、分布的、多维的排序 map”。因此，HBase 数据 I/O 是按照这样的映射（map）实现的：

Map (TableName,RowKey,CF:column,Timestamp)→value

（8）HBase只有键（行键、列键、时间印）可以建立索引，而行键（RowKey）是按照ASCII码排序，所以在设计HBase表时，行键十分重要。若频繁访问的数据在HBase中的行键采用相同的开始字符，则很容易被存储在同一个区域服务器（Region Server）上，负载不均衡，造成访问的性能瓶颈。虽然对行键进行哈希可以获取定长行键，使得数据分布较好，但是失去了排序的优势。而过长的行键会加长硬盘和网络I/O的开销，所以应该尽量精简。

说明：HBase的数据根据3个维度（行键、列键、时间印）进行ASCII码排序（如A先于a）。先对行键升序排序；若行键相同，则按列键升序排序；若前两者都相同，则按时间印降序排序。

4.2.2 HBase逻辑视图

表4.2为HBase数据模式逻辑视图示例。表有三行数据：Row1，Row2，Row3。每行有两个列族，Column Family 1和Column Family 2。列族CF1有三列，CF2有两列。第一行中，列族CF1有三条数据，即添加原始数据后，又进行了两次更新。在第二行中，CF1有一条数据，即没有对数据进行更新。每一条数据对应的时间印用数字表示，编号越大表示数据越旧，反之表示数据越新，多个版本数据按时间从近到远（数据从新到旧）排序（T1最新，T4最旧）。第三行是列族CF2的两条数据。

4.2.3 HBase数据存储的物理视图

HBase是列式数据管理，逻辑视图（见表4.2）在物理存储时候的呈现如表4.3所示。逻辑视图中的空列并不存储，若访问这些空单元则得到NULL值。针对存在数据更新的行，如果查询时未给出时间印，则返回最新一版的数据（时间印离当前最近的）。

HBase中的数据按Row Key进行排序，对按Row Key排序的数据进行水平切分（行的方向），每一片称为一个Region。Region只存储表中某一范围的数据，大小可以配置。Region由一个或多个Store组成，每个Store保存一个列族。Store由一个MemStore、零到多个storefile组成。storefile以HFile的格式存储于HDFS上。

表 4.2 HBase 的 Persons 数据示例

Persons

Row Key（行键）	Time Stamp（时间印）	Student（CF1）						Teacher（列族，CF2）			
		Name（C1）	value	Gender	value	School	value	Name	value	Degree	value
Row1（行键 1）	T1	Student: Name	张晓平	Student: Gender	F	Student: School	CS				
	T3	Student: Name	张晓平	Student: Gender	M	Student: School	CS				
	T4	Student: Name	张小平	Student: Gender	F	Student: School	CS				
Row 2	T2	Student: Gender	吴闽	Student: Gender	M						
Row 3	T5							Teacher: Name	周锦	Teacher: Degree	PhD

表 4.3 显示：Row1～3 划分在 Region 1 中，而列族 CF1 存放在 Region 1 的 Store 1 中，列族 CF2 存放在 Region 1 的 Store 2 中。

表 4.3 HBase 中 Persons 表物理存储示例

Region 1	Row Key（行键）	Student（CF1）存放在 Store 1 中		
		Name（C1）	Gender（C2）	School（C3）
	Row1	张晓平，T4	F，T4	CS，T4
		张晓平，T3	M，T3	CS，T3
		张小平，T1	F，T1	CS，T1
	Row2	吴闽，T2	M，T2	
	Row Key（行键）	Teacher（列族，CF2）存放在 Store 2 中		
		Name（C1）	Degree（C2）	
	Row3	周锦，T5	PhD，T5	
Region 2	…			

4.3 HBase 集群配置

HBase 的典型集群部署[1]如图 4.1 所示。

（1）主级服务器（Master）又称为 HMaster：对 HBase 中的 Table 和 Region 进行管理。对 Region 进行分布调整，将其分配到合适的 Region Server

上。对 Region Server 进行负载均衡和 HDFS 上的垃圾回收等。

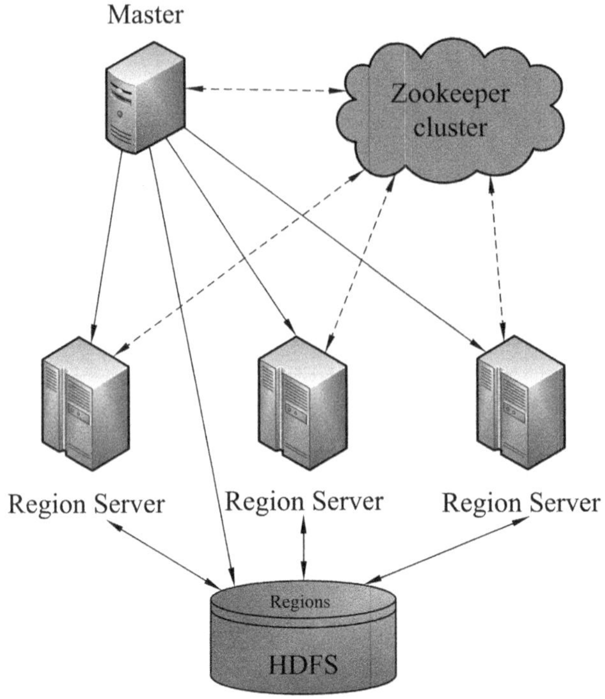

图 4.1 HBase 集群的部署

（2）ZooKeeper：如果是单 HBase 的配置，ZooKeeper 负责管理 HBase 的数据模式，实时监控 Master 和 Region Server 的状态，存储所有 Region 的寻址入口，保证 HBase 集群中只有一个激活的主 Master，也避免 Master 单点故障。

（3）区域服务器（Region Server）：是 HBase 集群在每个工作节点上所运行的服务，是 HBase 的数据处理和计算单元，是 HBase 系统的关键。它负责 Region 的 I/O 请求，对在运行过程中变得过大的 Region 进行切分。而 Region Server 要与 HDFS 的 DataNode 一起部署。

区域服务器（Region Server）的组成部分如下：

① Region：最初每张表对应一个 Region。当 Region 增长过大时，会被拆分，并将拆分结果汇报给 Master。Region Server 可同时管理多个子 Region，每个 Region 只能被一个 Region Server 管理。

② 列族：对列族数据进行水平切分后，可保存在多个 HFile 中。每个 HFile 文件存储切分后列族中的所有列。

③ HFile：就是 Hadoop 磁盘文件。

④ MemStore：是 HFile 在内存中的体现。当对 HBase 进行 update/delete/create 时，会先写 MemStore。当 MemStore 达到一定大小后，再将其写入磁盘，保存为一个新的 HFile。HBase 后台会对多个 HFile 文件进行合并（Merge），合并成一个大的 HFile。

（4）HDFS：HBase 中的数据最终存储在 HDFS 的 Data Node 的块（Block）上。

4.4　HBase 各个组件之间的关系

HBase 的 Zookeepr 是一个"管理员"，负责协调分布式系统中各个成员的可分享状态信息，例如，哪台服务器在线，哪台服务器宕机。每个区域服务节点和主级服务器节点（Master）主动与 Zookeeper 连接，连接时长是一个"会话"（Session）。在这个 Session 中，每个 Region Server 在 ZooKeeper 中建立一个临时节点，而 ZooKeeper 通过心跳维护临时节点（Ephemeral Nodes）、监控临时节点，判断是否有新加入的 Region Server，或者已经存在的 Region Server 出现故障（没有心跳）。当 Session 过期，临时节点被自动删除[2]。技术博客[2]详细讨论了 HBase 的机构及各个组件的关系。HBase 组件间的关联如图 4.2 所示。

主级服务器竞争创建临时节点，ZooKeeper 激活第一个成功注册的 Master 节点，成为主节点。当主节点故障时，ZooKeeper 通知其他未激活的 Master 节点再次竞争主级。ZooKeeper 保证每次只有一个激活的 Master。Master 不对外提供数据服务，而是由区域服务器负责所有 Regions 的读写请求及操作。

HBase 的访问流程：

（1）客户端（Client）访问 Zookeeper，得到具体 Meta Table 的位置。

（2）客户端访问具体的 Meta Table，从 Meta Table 里面获得 Row Key 所在的 Region Server 地址。

（3）访问 Row Key 所在的 Region Server，进行数据读取。

当 HBase 集群中的一个 Region Server 失效（如 Region Server 进程失败），该 Region Server 和 Zookeeper 间的 Socket 连接断开。但是临时节点不会立即被删除，而是在 Session 时间结束后才被 Zookeeper 删除。当

Zookeeper 集群中代表此 Region Server 的节点被删除后，Master 得知该 Region Server 发生故障，随之启动故障恢复流程。Master 恢复故障时，将故障 Region Server 所管理的 Region 一个一个重新分配。

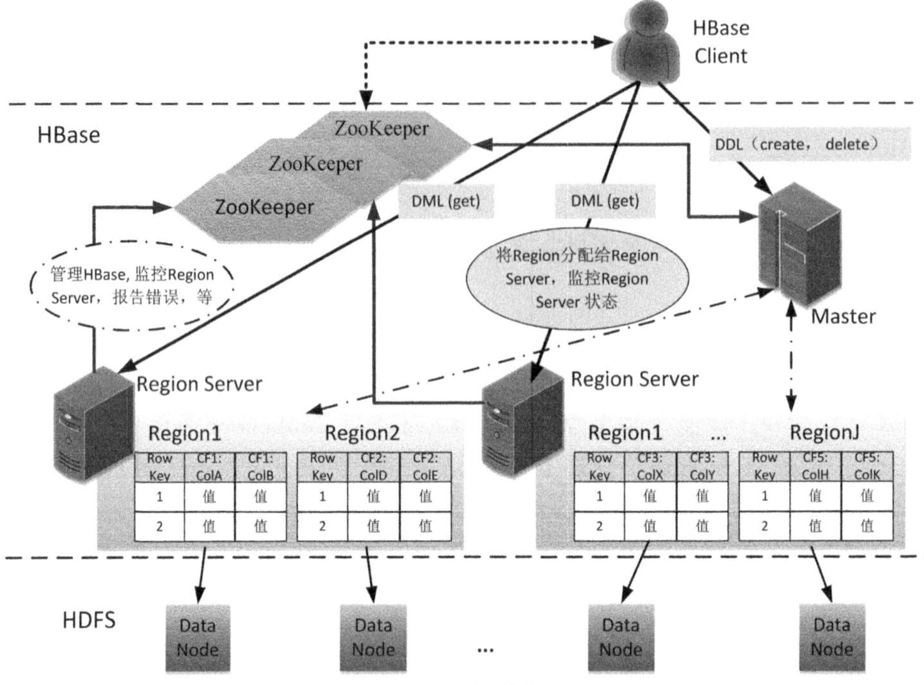

图 4.2 HBase 组件间的关联

HBase 组件间的关联（扫码查看彩图）

由于 Session 时间使得 Master 无法立即发现 Region Server 故障，从而延迟了故障的恢复时间，间接增加了业务中断的时间。另外 Master 重新分配 Region 导致故障恢复效率低，尤其是 Region 数目很大时，时间代价高。

4.5 HBase 的索引数据结构——LSM 树

4.5.1 LSM 简介

基于日志结构的合并树（Log-Structured Merge Tree，LSM）是 NoSQL

数据库通常采用的一种索引数据结构。HBase 自然也使用了 LSM 树。

LSM 树的主要思想是将树划分不同等级。例如，建立两级 LSM 树，一棵树存在于内存，一棵树存在于磁盘。磁盘里的树是一棵 B+树。内存中的树可以是 B+树（见图 4.3），也可以是其他的树。两级树都支持增、删、读、改、顺序扫描操作。

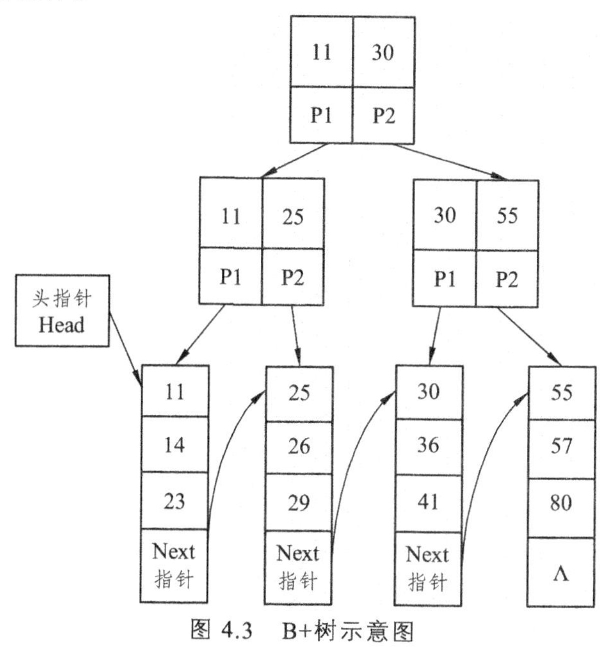

图 4.3 B+树示意图

4.5.2 关系数据库的 B+树

关系数据库管理系统（RDBMS）一般采用 B+树作为索引结构（见图 4.3）。B+树的节点对应于磁盘数据块，每个节点可以存放多个关键字。叶子结点存储了全部数据，且使用有序的链表结构存储。由于 B+树的设计，树的高度降低，从而减少了寻址时间，可实现快速读取磁盘数据。由于叶结点上关键字的有序性，支持在数据集尾部快速添加。更新操作则需要从 B+树找到记录所在数据块，读出数据，再将更新后的数据写入磁盘合适的位置。如果更新操作中的数据是随机无序的，寻址会遍历整个 B+树，且有多次磁盘访问操作，效率较低。特别是大数据管理和处理环境下，这样的瓶颈问题更为突出。

4.5.3 LSM 树针对 B+树问题的改进

为解决大数据巨量性、多样性管理问题，改善访问性能，LSM 通过降低磁盘读性能方式，提升顺序写性能，因为顺序读写比随机读写快速。LSM已成为 NoSQL 的主要索引结构，其主要策略是：

（1）既然随机无序数据写入时，树遍历代价大，那么将一棵大树拆分成 *N* 棵小树放置在内存中。通过在有限的相关小树中查找，避免了在一颗大树中的无效遍历寻址问题，提升了“写”操作的寻址速度。而且在内存中处理数据比磁盘操作更为快速。此外，LSM 类似 B+树构成了有序数据集（叶结点），“写”数据操作并不修改原文件数据，而是写到数据集尾部或新的文件中，大大提升了速度。不利因素是，内存中的小树会越来越大，越来越多，“读”数据需要检查大量文件，导致其性能下降。

（2）在数据写入内存中的 LSM 树结构之前，记录到 Log 中，类似于 RDBMS 的“先记后写”原则。当内存中的 LSM 树越来越大和越来越多，并超过阈值时，内存中的小树会批量转储到 Region 对应的磁盘中（一般是 Hadoop DataNode），然后进行合并。在磁盘中合并形成一棵大树，减少了文件个数，从而也优化了“读”性能。

LSM 的数据更新只在内存中操作，不进行磁盘访问，因此比 B+树要快。对于数据读来说，如果读取的是最近访问过的数据，也在内存中完成，能减少磁盘访问，提高性能。删除操作时，LSM 不会删除磁盘上的数据，而是为数据添加一个删除标记。在后续压缩，清理磁盘空间时，根据删除标记才会真正删除数据。

需要即时响应的操作时，LSM 的 I/O 效率有所降低，LSM 最适用于添加比查询操作多的应用效率。

4.6 HBase 的作用和局限

1. HBase 的作用

（1）适合做全表数据聚合运算，例如，计算某公司所有人的平均工资，即可直接读取列数据进行计算，而无须筛选行。关系数据库不利之处在于，需要扫描全表，从各行读取指定列的值后，再计算。

（2）高压缩率，不仅节省储存空间也节省计算内存和 CPU，因为每一列的数据类型、结构等都很相似，易于压缩。按照数据类型和数据分布规律自动选择最优压缩算法，压缩比可达 1∶20，可以节省 50%～90%的存储空间。压缩态下对 I/O 要求大大降低，数据加载和查询性能明显提升。

（3）适合于随机地、实时访问大数据，但实时更新数据仅限于增加，因为删除和更新需要解压缩，然后计算，再重新压缩存储，效率不高。

（4）适合分布式地管理（Region 中的）数据，适合管理普通服务器聚簇之上的大表。

（5）受到高度认可（参考图 4.4），国内外著名公司，如阿里、小米、滴滴、Facebook、Twitter、Yahoo 和 Adobe，都正在使用 HBase。

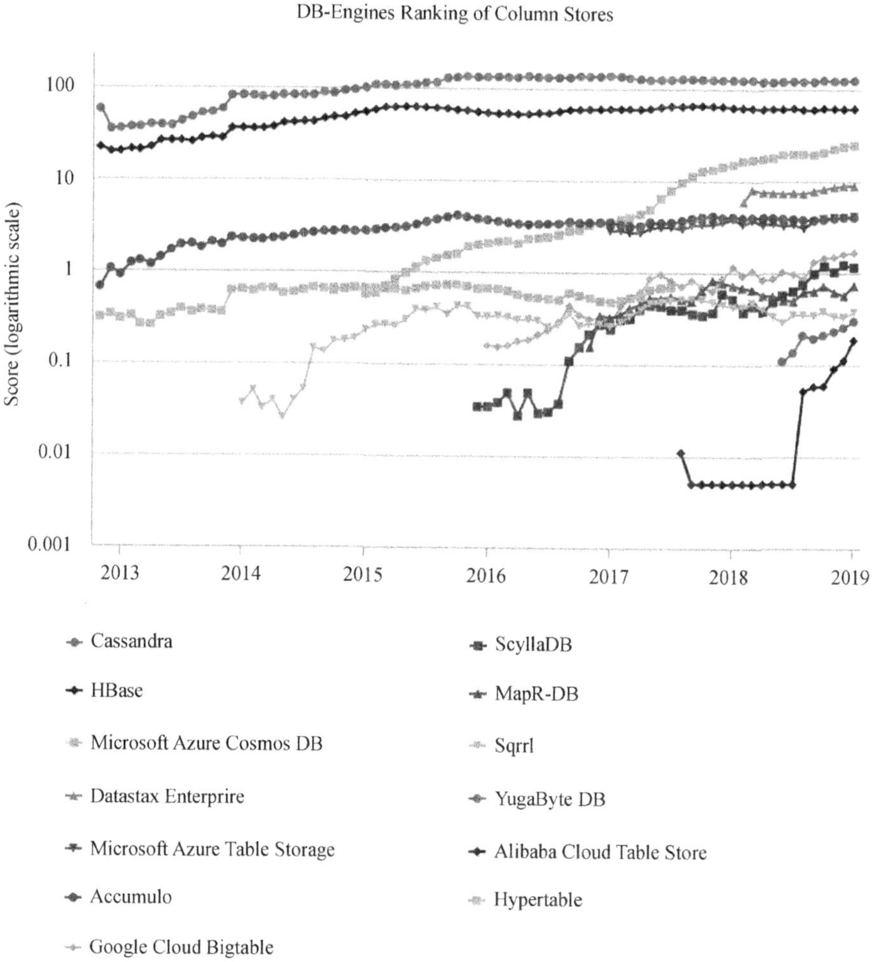

图 4.4　HBase 与其他列式数据库的发展及排序[3]

HBase 与其他列式数据库的发展及排序（扫码查看彩图）

2. HBase 的局限

（1）HBase 数据本质上是 Key-Value 方式，适合进行快速简单的 Key-Value 查询，无法实现复杂的统计查询，因为有条件查询须根据某些属性值的组合筛选行数据。在列式数据库上筛选数据行，效率很低或无法实现。所以它不适合完成经典的事务应用，甚至是关系分析。

（2）不适合完成随机的和实时的删除和更新操作，4.5 节已经阐述了原因。而 HBase 是否适合进行批量更新，要视情况而定，优化好的列式数据库（如 Vertica）在这方面表现较好，有些没有更新策略的数据库表现比较差。

（3）当进行大批量的 MapReduce 时，不能作为 HDFS 的完整替代品。

（4）不支持 SQL 语言，没有查询优化器。无法支持复杂的数据访问模式（如 Join）。

4.7 HBase 与其他相关技术的比较

1. HBase 与 HDFS 的比较（见表 4.4）

表 4.4 HBase 与 HDFS 的比较

HBase	HDFS
基于 Java，建立在 HDFS 之上的数据库	基于 Java，分布式文件系统，适合大文件管理
具有可变的模式，每行都可以不同，且允许动态改变，可以作为独立应用	具有严格的、不允许改变的结构。不支持动态存储
支持大表的快速查找	不支持快速地查找单个记录
支持在数十亿的记录中实时访问单条记录（随机访问）	实现非实时的批处理
适用于对存储在 HDFS 上数据进行随机读写	适合一次写、多次读的应用。只支持顺序写
HBase 的数据文件按 Key/Column Family：Column/Timestamp 三个维度排序。以某种策略快速读取某个键索引的数据的最新状态	HDFS 集群由一个 Name Node 和多个 Data Node 组成，前者管理文件系统元数据，后者存储具体数据。Name Node 中使用键-值对方式管理元数据
HBase 的 update/delete 操作并不影响之前的数据。update 只是对同一个 Key 增加了一条新版本记录，而 delete 只是将某个 Key 标记为删除	应用 LSM 树可将 HBase 的随机访问一定程度上转化为 HDFS 的顺序写

2. 列式存储与行式存储的比较

HBase是列式数据库，与行式数据库比较，有如表4.5所示的适用性上的区别。

表4.5　HBase与行式数据库的比较

HBase	行式数据库
无模式，没有固定列模式的概念，仅仅定义列族	模式定义了所有表结构，数据库规范、无冗余
数据无范式，适合管理多种格式的数据	数据范式化，只适合管理结构化数据
为所有行增加新的列数据，替换旧的列数据，效率高。计算少量全列上的聚集值，效率高。 适合实现按照时间排序top n的查询应用，因为HBase的数据都具有时间印	更适合完成少量行上的针对多列数据的增、删、改、查
可以完成针对列的聚集计算和某些OLAP任务，但无法胜任大量的在线事务处理任务（OLTP，On-Line Transaction Processing），对事务支持差	聚集计算效率低，但能高效地完成OLTP任务。在中等数据量时可以完成OLAP任务
如图4.2所示，HBase具有高的水平扩展性，容易对数据切分，并存储在不同的节点上。适合大数据处理和管理	扩展性差
HBase的瓶颈是硬盘传输速度。因为基于LSM结构，时间成本消耗在将内存中达到阈值的多个数据文件合并为一个大数据文件，写入硬盘。所以性能主要取决于硬盘传输的速度。 而HBase本质上只有数据插入，因为更新操作是插入一个带有新的时间印的行，而删除是将主键设置为删除标记，并不真正删除	行式数据库因为经常进行随机读写，需要不断地寻找数据存储位置，所以瓶颈在于硬盘寻址时间
HBase只能建立一个主键索引，数据查询只能基于该索引进行Key-Value查询	可以针对主键也可以针对其他列建立索引。可以建立一个聚簇索引，多个非聚簇索引
随机读写效率低，没有Join操作	随机读写的效率较高
由于相似或相同的数据存储在一起，具有高压缩率	压缩率较低，空间成本高
没有如SQL一样的查询语言，借助Java、REST或者API编程访问数据库	具有SQL语言，易于使用。有大量成熟的相关工具，易于开发基于数据库的各类应用

4.8　应用实例

Dezyre 公司在 2016 年 12 月的文章[4]中曾经指出，HBase 有 9.1%的市场份额，约 6 190 家公司使用 HBase。现在有更多的公司加入到 HBase 技术的应用中。HBase 适合应用到时序分析或点击流数据存储和分析上。

（1）最早使用 HBase 的是 Google，被用来针对互联网和它的用户存储海量数据库。

（2）腾讯应用 HBase 技术实现游戏营销活动、广告日志处理、微信支付日志等任务。

（3）Facebook 使用 HBase 进行实时分析，统计 Facebook 上的好恶等。

（4）FINRA（Financial Industry Regulatory Authority）使用 HBase 存储所有的交易图。

（5）Pinterest（图片分享社交网站）使用 HBase 存储图形数据。

（6）Flipboard（社交媒体内容荟萃型网络杂志）使用 HBase 将提供给用户的内容个性化。

关系型数据库（行式数据库）与 HBase （列式数据库，NoSQL）并非对立而是互补的关系。通常情况可使用关系型数据库，在某些适合的场合使用 HBase 数据库，可以让 NoSQL 数据库对关系型数据库的不足进行弥补。

应用实例一：欧洲银行使用 HBase 优化 Cloudera（基于 Hadoop 的数据负载优化器）[5]。

由于 HBase 很适合实时环境，一个著名的欧洲银行通过研发 Apache Storm 和 HBase 相结合的解决方案，从而实现深刻分析和理解应用 Web 服务器日志。该银行的解决方案具有压倒性的优势，因为它将查询时间从 3 天减少为 3 min。面对大数据的多样性和高速等特点，HBase 比关系数据库更具优势，因为 HBase 无模式，可灵活适应银行、Web 等多来源数据，而且支持大表快速查询，显著地提升了查询效率。

应用实例二：Facebook 推出了一个新产品 Social Inbox，该产品一体化集成 email、IM、SMS、短信和 Facebook 的现场消息[6]。该产品管理的数据量巨大，每月需要存储超过 1 350 亿条信息。为此，Facebook 选择 HBase

作为基本的信息管理技术，而不是 MySQL 或者 Cassandra。选用 HBase 是因为可以处理两种数据形态：一是少量的、易改变的时间相关数据；二是不断增长的、很少访问的数据。

参考资料

[1] 华为.一张图看懂 HBase_百度文库.2014-04-25. https://wenku.baidu.com/view/ b2bd94946bd97f192379e941.html.（2019-01-30 访问）

[2] Carol McDonald. An In-Depth Look at the HBase Architecture. MapR, 2015-08-07. https://mapr.com/blog/in-depth-look-HBase-architecture/.（2019-01-30 访问）

[3] DB-Engines. Trend of Wide Column Stores Popularity. https://db-engines.com/en/ranking_trend/wide+column+store. 2019-01.（2019-01- 30 访问）

[4] DeZyre. Hive vs.HBase-Different Technologies that Work Better Together. https://www.dezyre.com/article/Hive-vs-HBase-different-technologies-that-work-better-together/322.（2019-01-30 访问）

[5] Alex Mailajalam. HDFS vs. HBase.DZone Database,2017-11-22. https://dzone.com/articles/hdfs-vs-hbase-all-you-need-to-know.（2019-01-30 访问）

[6] High Scalability. Facebook's New Real-time Messaging System:HBase to Store 135+ Billion Messages a Month. 2010-11-16. http://highscalability.com/blog/2010/11/16/facebooks-new-real-time-messaging-system-hbase-to-store-135.html.（2019-01-30 访问）

第 5 章　从关系型数据仓库发展到 NewSQL 的 Hive 技术

【本章要点】

✧　数据仓库建模与 OLAP 分析技术
✧　NewSQL 数据仓库——Hive 技术
✧　Hive 的数据模型和系统结构
✧　基于 Hive 的 OLAP 功能
✧　Hive 与其他技术的比较与集成

5.1　数据仓库技术介绍

大数据时代，各行业都秉承持续并兴旺发展的目标。为此，两方面的信息分析和决策制定缺一不可：一是深刻理解和深入分析组织内部产生的大数据；二是在激烈的竞争环境中整合大量外部信息并进行分析。通过大数据分析，获得行业智能，才能知己知彼，立于不败之地。

传统的关系型数据库技术完成在线事务处理任务（OLTP，On-Line Transaction Processing），服务于日常数据例程化的管理和处理。由于 OLTP 的特点，使得关系型数据库在数据模型、数据管理模式和性能要求等方面，都不利于完成海量数据的复杂分析任务。因此，一个新的技术——数据仓库应运而生。数据仓库在数据库的基础上从数据结构、数据管理模式、复杂分析功能、分析性能等多方面进行了革新，形成了支持数据分析和决策的新型技术。这个新技术完成在线分析处理（OLAP，On-Line Analytical Processing）。

“关系数据库之父”E. Code 于 1993 年提出了在线分析处理技术和 OLAP 这个词汇。OLAP 是基于数据仓库之上的一种多维度数据动态分析方法。因此，数据仓库与 OLAP 成为一对相辅相成，且共同完成任务的近义词。

同时，数据库与它所支持的 OLTP 技术也是这样的一对近义词。

数据仓库与数据库技术不是对立的，两者相辅相成，分别解决一个组织结构不同阶段的数据应用需求，联合实现事务处理、分析、合理决策与智能。

设想某市的一个大型超市运营管理场景（见图 5.1）。每天有大量顾客前来超市购物，产生每日销售数据。这些数据连同其他相关数据（如顾客刷卡数据）存储在数据库中，可以回答诸如“2018 年 12 月 9 日，本超市第三分店秦冠苹果的销售量是多少？盈利多少？”这类的问题。而当经理在制订明年的进货计划时，需要进行更深入细致的对比分析，例如“2018—2019 年，每年第四季度全市所有分店，秦冠苹果的销售量？销量的变化是否受到气候、自然灾害、分店所处城区的影响？购买秦冠苹果的顾客群有什么共同特点？”这类问题的答案对进货与精准营销有极大的关联。然而，数据库和 OLTP 只能回答前一类问题，对后一类问题则束手无措。

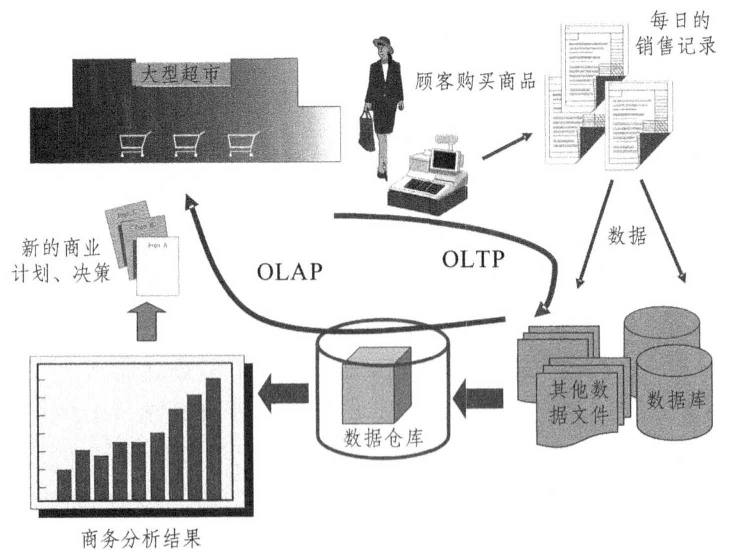

图 5.1 数据库（OLTP）与数据仓库（OLAP）技术的应用场景

为了回答后一类问题，需要对数据库中的数据进行再构造和再组织，需要记录并管理海量的历史数据，需要集成多维度的内外部数据（如气候、分店所处的地域、顾客群特征等）。在新的数据组织架构（数据仓库）之上，才能获得后一类问题的答案。

事实上，OLTP 与 OLAP 两者合二为一形成一个环，可以实现从数据记录入库、数据管理、查询统计、数据仓库化、复杂分析、决策制定的完整周期，如图 5.1 所示。这个周期是一个螺旋式的商务运作发展途径，基于组织机构的历史和当前数据，分析现状、获得知识、预测趋势、指导未来，用智慧决定回馈组织机构。

5.2　数据仓库的定义和特点

“数据仓库之父” W.H. Inmon 定义数据仓库[1]为：一个面向主题、集成化、随时间而变化且不易改变的数据管理机制，该机制支持决策管理。数据仓库技术广泛应用于商务、政务、教育、生产企业等各类组织机构，以提升智能决策的水平。

数据仓库技术的核心要点是：

（1）面向主题（Subject Oriented）：世界上人类、事务、信息等对象的特点如此丰富多彩，从对象抽象出来的数据一定是多维度多层次的。例如：“大学生”具有学号、姓名、性别、出生日期、所学专业、所在院校等特征；“新闻”具有时间、地点、事件/人物等特点。要制定合理有效的决策，必须全面和深入地分析数据各个维度的特征。数据仓库技术着眼于组织和管理多维度数据，并进行深入分析。以相互独立（正交）的数据维度为分析基础，这正是“面向主题”的思想。

（2）集成化（Integrated）：数据仓库的原始数据来源于内部的数据库和外部的异构资源。只有将多源异质异构的数据进行提取、整合、转换、统一化，才能装载到数据仓库中，形成一个一致的、综合的大数据集合。例如：三个应用 A、B、C 分别使用了“x/y”“1/0”“male/female”表示性别，而在某数据仓库中定义“m/f”为性别的取值，因此转换三个应用的数据类型和取值形式，整合为统一的形式。

（3）随时间而变化（Time-Variant）：基于数据仓库的分析和决策需要探索历史数据和当前数据，才能决策未来，因此数据的时间属性是不可或缺的。例如，超市分析近 5 年春节前热门商品的种类和销售量变化数据，可以预测今年春节前年货种类和储备需求，便于及早制订进货、物流和仓储计划。数据仓库通过记录和管理沿时间轴截取的大量快照数据，分析其随时间变化而变化的历史，从而获知大量规律和模式。

（4）不易改变（Non-Volatile）：数据仓库需要长期记录历史数据，才能准确地分析发展趋势。因此，数据一旦载入数据仓库，通常不进行删除和更新，最主要的操作是数据查询（只读）。上面所说的历史快照数据就几乎不做更新。OLTP 数据库中，数据的时间状态通常是最近 60 ~ 90 天，更新频繁，而且关键属性不一定包含时间。OLAP 数据仓库的时间状态通常是 5 ~ 10 年，历史的、静态的快照数据记录在数据仓库中，关键属性一定包含时间特性。

除了上述关键特征之外，数据仓库还具有以下特点：

（1）总结性：对数据库中的数据进行总结计算处理，才符合数据仓库的决策应用模式。

（2）数据量巨大：由于记录大约 10 年的历史数据，数据仓库管理着大量数据。

（3）非规范化：数据可以冗余。

（4）数据源：多来源、非集成、异构的 OLTP 应用环境。

5.3 数据库与数据仓库技术不能合二为一的原因

由于主流数据仓库技术的物理实现是基于关系数据模型，自然会产生一个疑问：为什么数据库不能实现数据仓库和 OLAP 技术呢？表 5.1 给出了 3 个关键原因。

表 5.1 数据仓库（OLAP）与关系数据库（OLTP）不完全兼容的原因

关键因素	OLAP 的特性	OLTP 的特性
不同的性能需求，OLAP 需要调动大量资源，导致 OLTP 性能急剧下降	（1）海量历史数据，数据可以冗余。 （2）通常基于数据的“静态快照”进行操作。 （3）复杂查询消耗大量计算和网络资源	（1）数据必须保证更新到最新的、一致的状态。 （2）要求小于 1 s 的快速响应时间
不同的数据建模需求，导致差异很大的数据结构和数据操作	（1）简化了关系数据模型，形成非规范化的数据模式。 （2）表数量少，不需要大量的 Join。 （3）随机的复杂查询。 （4）很少进行数据更新	（1）数据模式必须符合关系范式。 （2）大量的表，Join 是关键操作。 （3）可定制的、标准化的查询和更新

续表

关键因素	OLAP 的特性	OLTP 的特性
基于多数据源的分析需求，导致 OLTP 数据库不能胜任多维分析任务和决策制定	（1）从多个异构数据来源集成数据。 （2）使用历史的数据。 （3）面向多维业务信息分析和决策制定	（1）数据来源较单一。 （2）使用更新的、一致的数据。 （3）面向较单纯的、例行的、重复的事务处理

5.4　数据仓库建模

5.4.1　多维数据模型——数据仓库概念模型

由于现实世界的对象呈现多维特性，数据分析和复杂查询必须从多维的角度出发。数据仓库的概念模型采用多维数据模型，该模型将数据分为事实和维度。事实是可计算的数据，这些数据是数字化的；维度是描述和定义事实的数据，这些数据是描述性的。

一个简化的商品零售数据仓库多维数据模型如图 5.2 所示，该模型有时间、商品、地区三个维度（Dimension），形成一个数据立方体，一个由时间、商品、地区三元组所定义的单元中存放销售数据——事实（Fact）。三元组有大量的取值组合，例如，时间“2018-11-11”，商品“美洁牙膏”，地区“成都东区”，是一个取值组合，这个取值组合定义的单元中可存放多个事实值，如销售量“2 000”支，销售额“21 000”元。

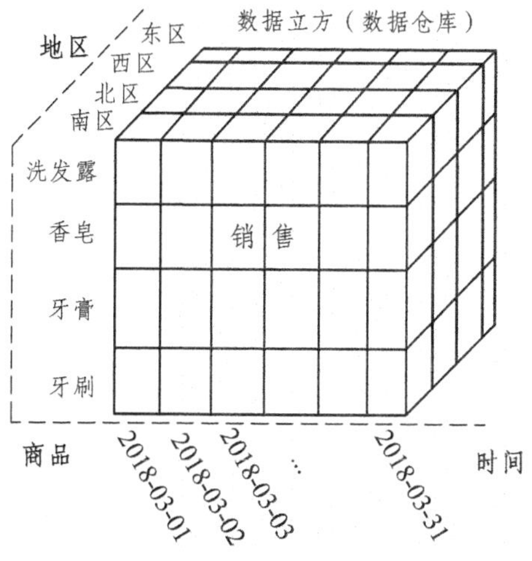

图 5.2　数据仓库的概念模型

5.4.2 数据仓库逻辑建模

数据仓库概念模型可以映射为两种逻辑模型。一种是基于关系数据库模型的 ROLAP（Relational OLAP），另一种是基于多维数据模型的 MOLAP（Multidimensional OLAP）。

（1）ROLAP：用二维的关系表模拟多维数据立方。关系表被分为事实表和维度表两类，其中事实表管理可运算的数据，而通常只有一个事实表。维度表管理事实数据的描述性属性，有多少正交的维度就有多少维表。这两类表通过主外键相连，形成被压扁了的数据立方体结构，如图 5.3 所示。

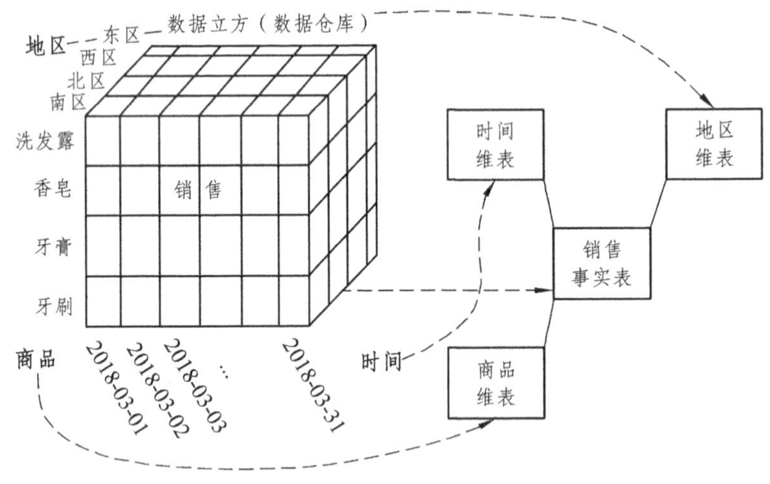

图 5.3 数据立方向 ROLAP 的逻辑模型映射

（2）MOLAP：用数组结构实现多维数据立方体。数组单元管理事实，各个维作为数据的索引。通过数据索引值组合可以唯一定位事实，从而直接实现了数据仓库的多维模型。例如定义销售数组为，Sale[时间，地区，商品]。

ROLAP 的数据仓库逻辑建模可形成三类模式：星模式、雪花模式、星座模式[2]。

（1）星模式：是最基本的数据仓库模式，由一个事实表和多个维表组成。维表通过主外键连接事实表，维表之间互相不连接，构成了一个以事实表为中心，维表围绕事实表的“星”形。

（2）雪花模式：是星模式的变种。当维表中的某些属性有较多层次，例如，地址属性包括国家、省、市、县等，将属性的层次放在一个维表中管理，层次不清晰，查询访问效率低。因此，雪花模式通过将这类维度的子层次属性转移到二级维表上，可以构建一个范式化的数据仓库模式。这样改造后的模式形状类似于雪花，故得名。图 5.4 展示了星模式和雪花模式。

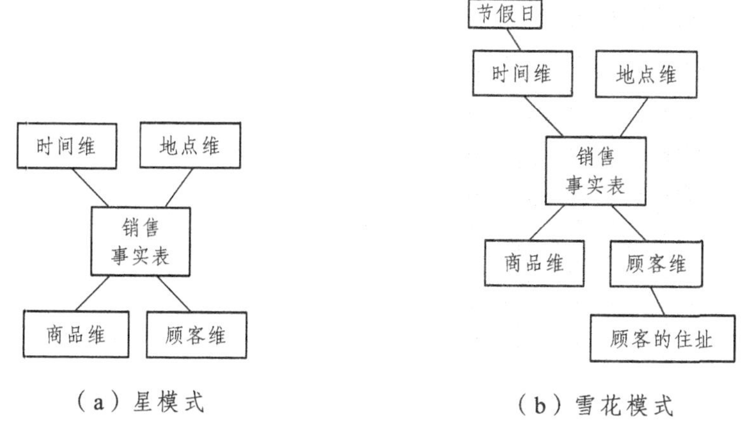

图 5.4　星模式和雪花模式

（3）星座模式：由多个事实表和多个维表构成，事实表可以共享维表，也可以拥有自己的维表。这种模式类似于多颗“星”的集合，被命名为星座或银河系模式，如图 5.5 所示。

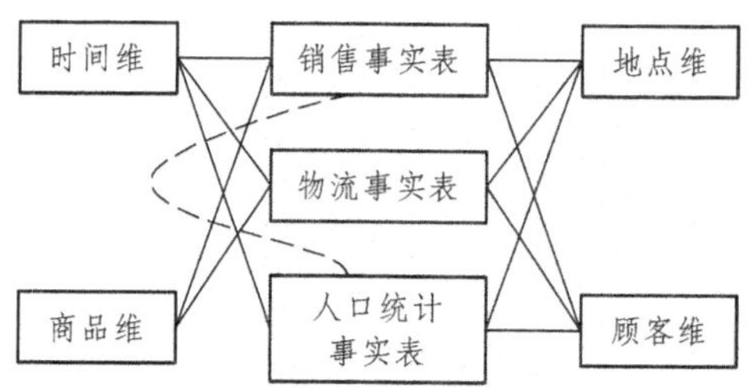

图 5.5　数据仓库的星座模式

图 5.6 展示了一个星模式在 ROLAP 环境下的实例表达，图 5.7 给出了一个星座模式的设计例子。

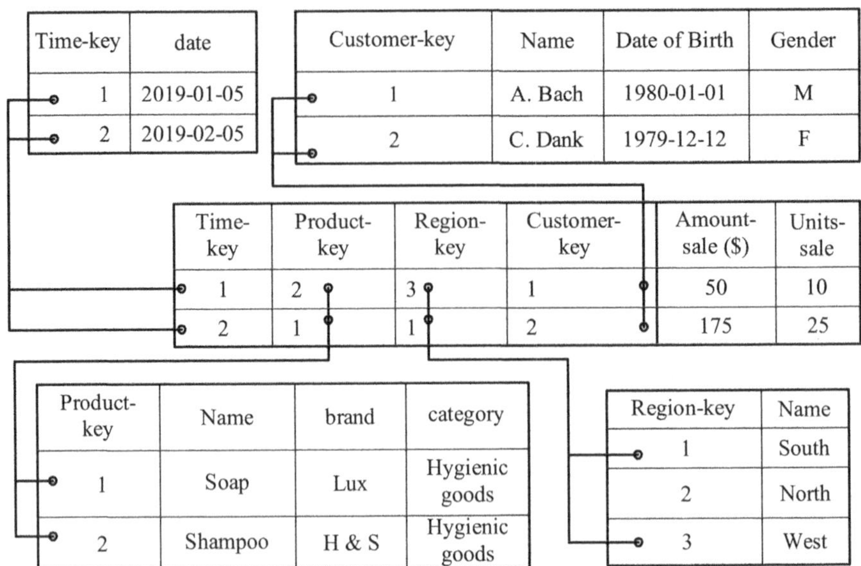

图 5.6 ROLAP 下星模式的实例表达

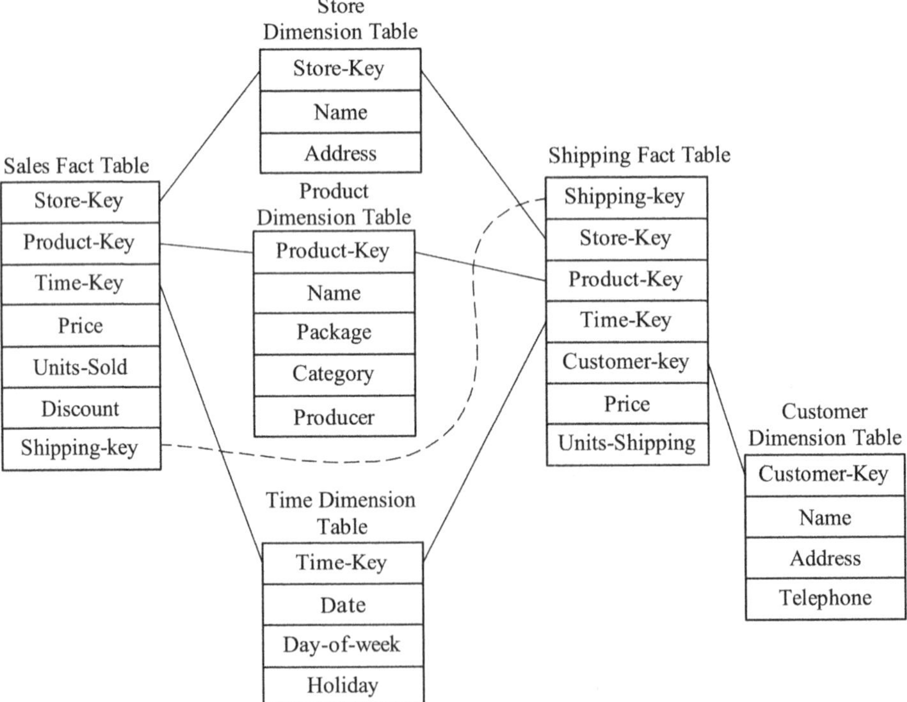

图 5.7 一个星座逻辑模式的例子

5.4.3　ROLAP，MOLAP 和 HOLAP

5.4.2 节简单定义了 ROLAP 和 MOLAP。ROLAP 最大的优势是以关系数据库为基础，可以充分利用成熟的 RDBMS 的基础架构、查询优化机制和 SQL 语言，但物理实现仍然是二维的关系数据表，对查询性能有很大限制。而 MOALP 利用多维数组实现数据仓库多维模型，大力提升了复杂查询的性能。但 MOLAP 由于立方体结构的特点，某些维度组合确定的单元中没有事实数据，造成稀疏问题，例如：日期维度的取值范围是 1 ~ 31，但平年时，2 月 29、30、31 日与其他维度相组合，依然确定了许多事实单元，这些单元中并没有事实数据，是空单元。因此，MOLAP 只适合低量的数据管理，不适合管理大数据。

ROLAP 和 MOLAP 数据仓库实现方式各有利弊，表 5.2 比较了两者的优缺点。

表 5.2　ROLAP 和 MOLAP 的优缺点比较

	ROLAP	MOLAP
优点	基于 RDBMS，可以充分利用关系数据库技术。 目前 ROLAP 已进行了较多优化，包括并行存储、并行查询、并行数据管理、基于成本的查询优化、位图索引、SQL 的 OLAP 扩展（Cube，Rollup）等，性能有较大提高	基于多维数组，实现了完全一致的，从概念模式、逻辑模式到物理实现多维数据结构
	容易建模，星模式是多维数据结构的良好映射。容易应用成熟的 SQL 表达进行查询	基于一致的多维数据模型。根据维度组合定位事实单元，查询性能好，速度快
	数据装载速度快。数据文件不存在稀疏问题，适合管理高维的大数据（超过 TB 级）	通过预计算和预集成进一步提高速度
缺点	由于底层沿用关系数据库结构，Join 操作多，查询响应速度慢	建模难度大，无法支持维度的动态变化。由于需要进行预计算，可能导致数据爆炸
		缺乏数据模型和数据访问的标准。没有查询语言，无法利用标准的访问接口（JDBC，ODBC 等）
		数组结构限制，数据稀疏性大，不适合超过 200 GB 以上的大数据量
		数据装载慢

由于 MOLAP 和 ROLAP 各有优缺点（见表 5.2），且它们的逻辑模式和物理数据结构不同。为此一个新的 OLAP 结构——混合型 OLAP（HOLAP，Hybrid OLAP）诞生了。HOLAP 结合 MOLAP 和 ROLAP 两种模式的长处，弥补各自的短处，从而满足用户对建模、数据量、复杂分析性能的综合要求。图 5.8 是一个 HOLAP 数据仓库架构。

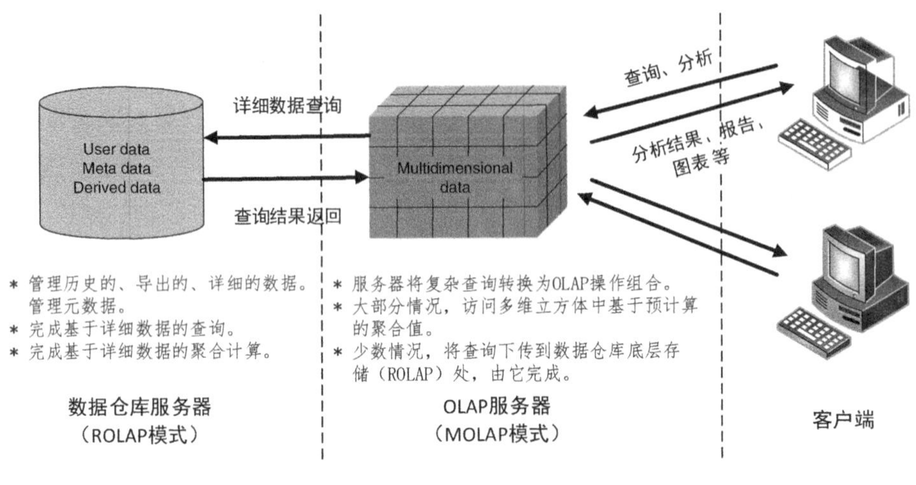

图 5.8 HOLAP 结构

5.5 OLAP 分析

数据仓库管理多源异质异构大数据，在数据仓库可以完成 OLAP 分析、数据挖掘和决策支持。图 5.9 展示了数据仓库概念模型、逻辑模型、物理实现，以及对应用的支持。

5.5.1 OLAP 的 12 条准则

“关系数据库之父” E. Codd 在创立 OLAP 概念的同时，定义了 12 条准则：

1. 数据仓库的 OLAP 支持多维概念视图

各种业务活动都关联着很多方面。分析业务情况，进行决策必须从多个维度进行探究。例如图 5.4 的星模式中，销售相关的价格、销售量、折扣等都应该基于不同的时间、季节、节假日、地区、产品等进行分析和决策。

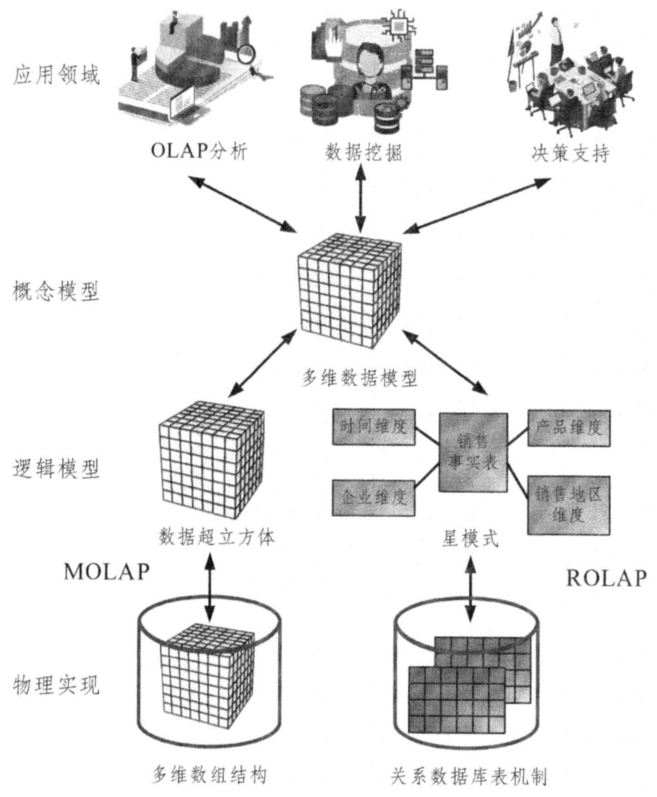

图 5.9　数据仓库概念模型、逻辑模型、物理实现及应用领域

2. 透明性

OLAP 操作是数据仓库系统的一部分，在这个系统中数据、数据仓库模式、OLAP 等对用户是透明的，呈现给用户的是他们熟悉的表单或图形化的结果。

3. 存取能力准则

OLAP 工具应该有能力利用自身的逻辑结构，获知数据来源的分布、访问异构的数据源，并进行必要的转换以提供给用户一个综合一致的结果。

4. 稳定的分析报表性能

OLAP 工具的性能不应因维度增加而有明显降低。

5. 客户/服务器体系结构

OLAP 工具的服务器端应具备高智能，从而以最小的代价连接并服务各类客户。服务器应该能够在不同数据库间进行数据映射和数据整合。

6. 维度的等同性

每个数据维度在其结构和操作能力上应该是平等的。

7. 动态的稀疏矩阵处理

OLAP 服务器的物理结构应能优化处理稀疏矩阵。

8. 支持多用户

OLAP 工具必须提供并发检索、更新访问、数据仓库完整性和安全性的功能。

9. 无限制的跨维度操作

无论维度数量如何增加，跨维度计算和数据操作能力不应受到限制。而且数据单元间的任何关系也不应受到限制。

10. 直观的数据操纵

在确定路径上的固定数据操作（如下钻或缩放），应该能直接在分析单元上完成，而不需要使用菜单或应用贯穿用户界面的多条路径。

11. 灵活的报表生成

报表功能应能以用户需要的任何方式展现信息。

12. 不受限的维度与聚集层次

所支持的数据维度数量实际应是无限的。在每个平等的维度上，允许用户在确定的分析路径上（如沿着属性层次的上卷和下钻）定义无限量的聚合层次。

5.5.2 OLAP 操作简介

OLAP 读取数据仓库海量数据，进行全立方体计算（Cube），随后完成 10 多项分析操作，这些分析采用单一或组合的命令。OLAP 动态地、多维度地分析数据，用表单、图形等方式将分析结果呈现给用户。数据仓库中的“事实”数据就是分析的对象，而“维度”数据就是分析的角度。下面介绍几项著名的 OLAP 分析处理功能。

1. 上卷（Roll up）和下钻（Drill down）

“上卷”和“下钻”是一对 OLAP 分析操作。其中上卷是通过去掉细节，进行聚合，得到更泛化的结果。而下钻是通过进一步细化，获得更为精确具体的认识。例如：

时间	地点	商品	销售/万元
Jan.2017	成都	苹果	2.3
Feb.2017	成都	苹果	1.8
Mar.2017	上海	苹果	3.5
…			
Jul.2018	广州	荔枝	2.6
…			
Dec.2018	上海	香蕉	1.2

沿时间上卷→

沿时间←下钻

时间	地点	商品	销售/万元
2017	成都	苹果	10
2017	上海	苹果	8.8
…			
2018	广州	荔枝	7.1
…			
2018	上海	香蕉	13

2. 切片（Slice）和切块（Dice）

“切片”分析是对多维的立方体进行降维投影后，进行更聚焦的分析。“切块”分析是对多维立方体提取子集分析，保持维度不变，如图 5.10 所示。

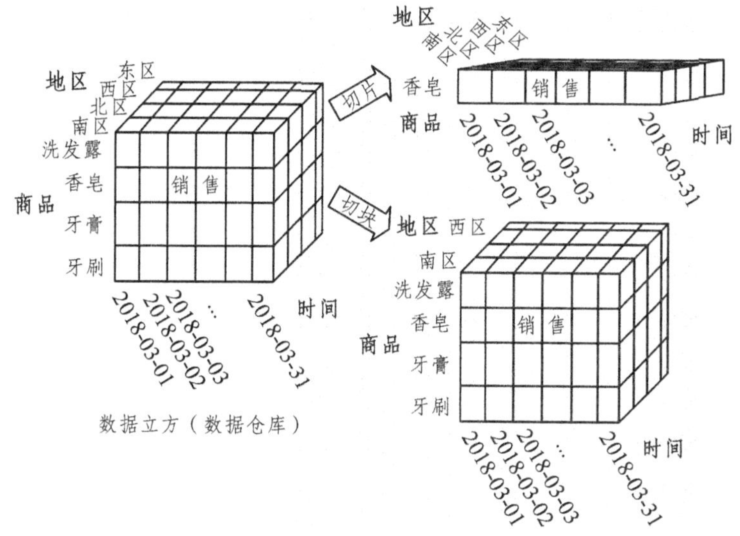

图 5.10　OLAP 切块和切片的操作

3. 建立超立方体（Cubing）

数据仓库管理海量的历史数据，一个 OLAP 分析往往会涉及数百万条多维数据，如上面的上卷和下钻操作。如果在 OLAP 任务提出时，从数据仓库中取出基础数据，进行实时运算，必定会产生高昂的时间成本。而分析性能是数据仓库和 OLAP 的核心要求，如果不能解决 OLAP 效率问题，数据仓库和 OLAP 的价值将大打折扣。

如何解决这个问题呢？这是 OLAP 中一个非常重要的技术，所有的 OLAP 操作都首先基于这个操作之上，即“建立超立方体”或“全立方体”（Data cubing 或者 Full data cube）。

所谓构建一个多维数据全立方体，即是在构建数据仓库中不仅有基础数据，还存储管理所有预计算的聚合值。聚合值从 2 维聚合、3 维聚合，……，直到全聚合，预计算这些聚合值并存储在数据仓库中，成为全立方体的一部分。在全立方体之上，OLAP 根据用户需求所对应的维度组合，读取预计算的聚合值，从而实现快速响应的效果。理想情况是，从 2 维聚合到全维聚合值均完成预计算，并存储在数据仓库中。这种情况下，如果数据仓库维度为 n，整个数据仓库有 2^n 种类型的数据。例如，一个简单的 3 维数据仓库中将存储 8 种类型数据，即原始数据和 7 类聚合计算值（3×2 维聚合值、3×1 维聚合值、1×零维聚合值），如图 5.11 所示。因空间限制，1 维聚合计算在图 5.11 中仅展示了按月份 By Month（时间维）的聚合计算，零维聚合值即是 Sum 得到的总计值。

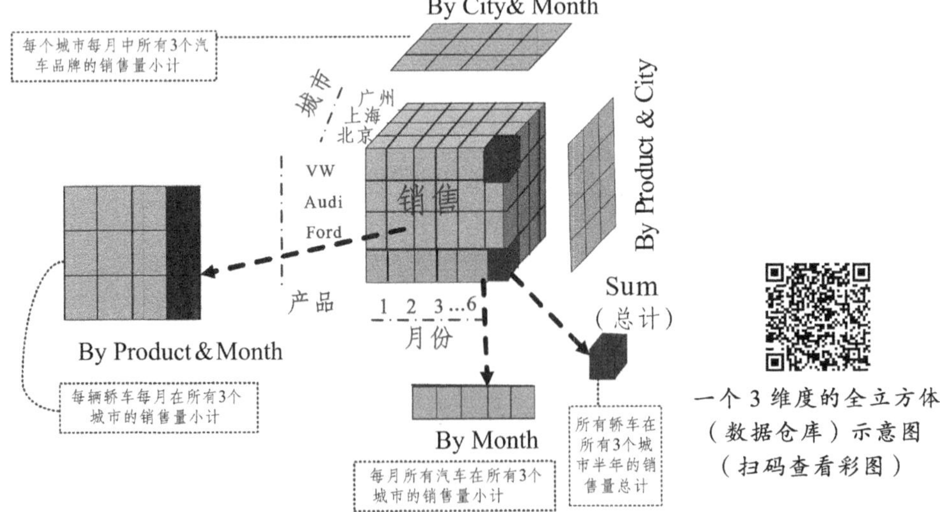

图 5.11　一个 3 维度的全立方体（数据仓库）示意图

一般的数据仓库会有 10～50 维。当 n 很大时，从计算和存储代价与分析性能相平衡的角度，可以只预先计算部分聚合值（通常是细粒度聚合值），其他聚合值在分析时再按需计算。按需计算部分并不存储在立方体中，因为可以基于细粒度的聚合计算粗粒度的聚合，这样的计算路径形成一个晶格体（见图 5.12）。在这个晶格例子中，统计“所有商品在每个城市的所有月份的销售量”可以在“所有商品在每个城市每月的销售量”或“每个商品在每个城市所有月份的销售量”的基础上进行计算。

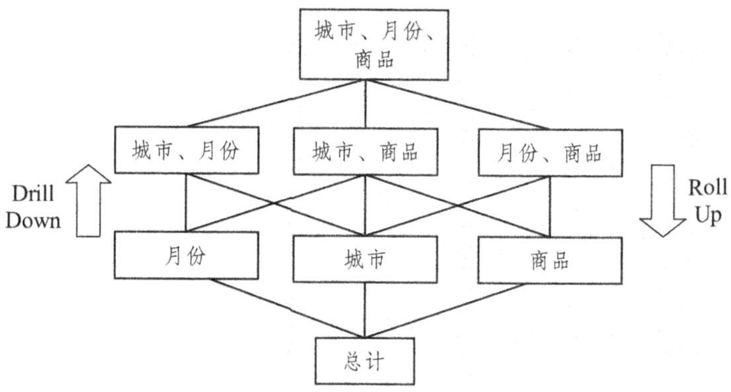

图 5.12　聚合计算晶格

4. 移动平均（Moving Average）和移动和（Moving Sum）

移动平均是预定义一个移动窗口（事实表的行数），通过窗口不断移动，计算移动窗口内的事实的平均值。移动和的原理同上。这两个 OLAP 命令的功能是减少偏差数据或季节对分析结果的影响，实现平滑去噪。例如表 5.3 的示例中，洗发露在 1、2 月份销量与 5、6 月份的销量相差一倍，但通过移动平均或者移动和可以消除这种季节影响。表 5.3 中采用基于季度的平均销量分析，既显示了销量趋势，又进行了平滑。

表 5.3　移动平均和移动和示例

月份	商品	销售量	3 个月移动平均
1	洗发露	200	0
2	洗发露	180	0
3	洗发露	280	220
4	洗发露	330	263
5	洗发露	360	323
6	洗发露	360	350

月份	商品	销售量	3 个月移动和
1	洗发露	200	0
2	洗发露	180	0
3	洗发露	280	660
4	洗发露	330	790
5	洗发露	360	970
6	洗发露	360	1050

5.5.3 在 SQL 中扩展 OLAP 操作命令

在 ROLAP 中，OLAP 操作必须映射为关系 SQL 查询，才能被 DBMS 机制执行。某些 OLAP 是 SQL 语句的扩展。OLAP 操作可能产生多个分析结果，前端的报告工具将这些结果组合后，呈现给用户，如图 5.13 所示。

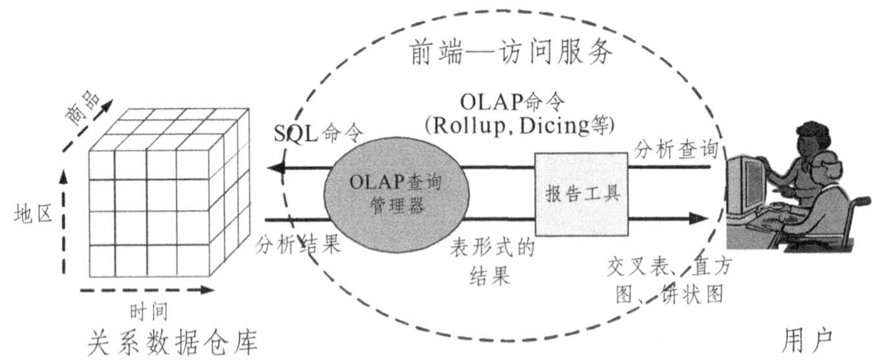

图 5.13 RLAOP 前端分析与数据仓库的关系

在关系数据仓库中，许多基本的 OLAP 操作可以表达为在星模式上的 SQL 查询，如下程序实现了一个三维聚合值计算，参看图 5.11 的示意。

```
Select p.brand，p.packagesize，type，SUM（f.sale_amount）
From salesfact f，product p，time t
Where f.productkey=p.productkey AND f.timekey=t.timekey AND t.month=1
Group by p.brand，p.packagesize，p.type
```

虽然 Group by 可以获得聚合值，但无法一次性产生所有 2^n 聚合值。如果要构建一个“Full data cube”，需要联合大量 SQL 命令，示例见表 5.4。

显然，这样联合 SQL 很笨拙，而且造成键值为空等严重问题。SQL99 进行了扩展，在命令中加入了 CUBE，ROLLUP，GROUPING SETS 命令。下面这个语句就用一个 SQL 语句构建了一个 3 维全立方体，其中包括 6 个不同的小计和一个总计。

```
SELECT Month，Product，City，SUM（quantity）
FROM sales
GROUP BY CUBE（month，product，City）
```

由于 SQL 已经是一个十分复杂的语言，所以 OLAP 扩展不应该过度，这已经是现在数据库和数据仓库领域的共识。

表 5.4 采用 Group by 构建全立方体

	SELECT state， month， SUM (quantity)
原始数据➔	FROM sales
	WHERE car.color = ‘Red’
	GROUP BY state， month
	UNION ALL
	…
	UNION ALL
一维聚合值➔	SELECT state， "ALL"， SUM (quantity)
	FROM sales
	WHERE car.color = 'Red'
	GROUP BY state
	UNION ALL
	…
总聚合值➔	UNION ALL
	SELECT "ALL"， "ALL"， SUM (quantity)
	FROM sales
	WHERE car.color = 'Red'

5.6 Hive 数据仓库技术

Hive 是一个基于 Hadoop 的数据仓库开源工具，完成大数据的查询和分析。最初由 Facebook 开发，目的是让 SQL 行家们可通过“类 SQL”查询完成基于 MapReduce 的工作，访问存储在 HDFS 中的大数据。2008 年 Facebook 将 Hive 交给了 Apache 软件基金会，成为一个开源项目。

Hive 提供了比较完整的逻辑关系模式，这些模式所操作的各种文件格式和物理存储机制可以基于，也可以不基于 Hadoop 集群。Hive 有自身的元数据结构描述，可以存储在 MySql，ProstgreSql，Oracle 等关系数据库中。虽然写和交互能力有限，Hive 实质上仍可完成批转换和大量的分析查询任务。

5.6.1 数据类型

Hive 支持两种数据类型，一类叫原子数据类型，一类叫复合数据类型。

原子数据类型包括数值型、布尔型和字符串类型，具体如表 5.5 所示。

表 5.5 基本数据类型

类型	描述	数值范围	示例
TINYINT	1 个字节（8 位）有符号整数	$-2^7\sim2^7-1$	-99
SMALLINT	2 字节（16 位）有符号整数	$-2^{15}\sim2^{15}-1$	32 767
INT	4 字节（32 位）有符号整数	$-2^{31}\sim2^{31}-1$	-33 000
BIGINT	8 字节（64 位）有符号整数	$-2^{63}\sim2^{63}-1$	-11 000
FLOAT	4 字节（32 位）单精度浮点数	适用需要计算小数，但精度要求一般时，当值很大或很小时，不精确	1.07
DOUBLE	8 字节（64 位）双精度浮点数	适合高精度的数学计算。大部分数学函数，如 sin，cos，sqrt，返回双精度值。	1.600 000 009 9
BOOLEAN	true/false		true
STRING	字符串	类似于数据库的 VARCHAR。虽不能申明输入最大字节数的字符串，但理论上可以输入 2 GB 的字符数	‘他的代号-Cat’
DECIMAL	定点小数	比 DOUBLE 更精确和更广泛	DECIMAL（3，2），如 234.35
CHAR	定长字符串	类似于数据库 CHAR（n），最大长度为 255 byte。当真正存储的字符串长度少于定义长度 n 时，在字符串前面用空格补齐整	CHAR(5)，‘任星’占 4 个字节，余下 1 个字节在最前面用空格补足

续表

类型	描述	数值范围	示例
VARCHAR	变长字符串	类似于数据库 VARCHAR（n），n 的范围 1～65 355 byte	VARCHAR（12），'成都—北京' 为 9 个字节，实际只占 9 个字节，另外 3 字节不占用空间
TIMESTAMP	描述某个时刻、日期/时间类型	精确到纳秒级。与时区无关，存储为 UNIX 纪元的偏移量。对应的时间格式为 YYYY-MM-DD HH：MM：SS. fffffffff（9 位小数）	2019-01-09 18：29：31.123 456 789
DATE	描述特定年月日	用 YYYY-MM-DD 格式表示	2018-10-06
BINARY	字节序列	二进制流	100011

Hive 是基于 Java 开发的，所以其基本数据类型和 Java 中的一一对应，除了 STRING 类型以外。有符号的整数类型：TINYINT、SMALLINT、INT 和 BIGINT 分别等价于 Java 的 byte、short、int 和 long 原子类型，它们分别为 1 字节、2 字节、4 字节和 8 字节的有符号整数。Hive 的浮点数据类型 FLOAT 和 DOUBLE，对应于 Java 的基本类型 float 和 double。而 Hive 的 BOOLEAN 类型相当于 Java 的基本数据类型 boolean。

基于 Java 的特点，Hive 中低字节的基本类型可以转化为高字节的类型，例如，TINYINT、SMALLINT、INT 可以转化为 FLOAT，而所有的整数类型、FLOAT 及 STRING 类型可以转化为 DOUBLE 类型。如果想将高字节类型转化为低字节类型，需要使用 Hive 的自定义函数 CAST，如 CAST('1'as int)。

Hive 的复合数据类型如表 5.6 所示。

表 5.6　复合数据类型

类型	描述	示例
ARRAY	数组由一组顺序的数据存储单元组成，通过索引值访问单元，所有单元中的数据类型必须相同	Student array<string> ➔（'孙一菱'，'张小平'） Student[1]的值是 '孙一菱'

续表

类型	描述	示例
MAP	映射是用一组无序的键/值对存储数据。键的类型必须是原子的，值可以是任何数据类型。但同一个映射的键的类型必须相同，值的类型也是相同的	Product map<string，float> ➔ Product（‘牙膏’，9.8，‘牙刷’，12.6，‘香皂’，8.2）
STRUCT	结构由一组数据存储单元组成，通过名称访问每个单元，结构中不同单元的数据类型可以不同	Teacher Struct(name: string, age: tinyint, title：string） ➔ Teacher（‘赵兰’，33，‘讲师’，‘许诺’，48，‘教授’）
UNION	解决上述 3 种复合类型的嵌套使用问题	UNIONTYPE<data_type， data_type，...>

5.6.2 数据模型

Hive 的数据模型由数据库（database）、数据表（table）、分区（partition）和桶文件（bucket）组成。

（1）数据库（database）：类似于关系数据库，通过创建一个管理空间（namespace）来建立 Hive 数据仓库。将不同的用户和应用需求隔离在不同的空间中，便于数据管理、分析和查询。Hive 提供了 create database/schema，show database，drop database 等语句。

在基于 mySQL 管理数据模式和定义的情况下，create database 与 create schema 是类似的。但基于其他关系数据库，两者有区别，区别是创建了某个 database 后，还可以在其中建立多个 schema，形成模式区间，不同的应用或用户在同一个数据库中使用不同的模式，可以避免冲突，也便于数据更细致地管理。

（2）表（table）：Hive 数据仓库中可以建立多个表，表的定义类似于关系数据库，但实际上是 HDFS 上的一个命名的文件夹。Hive 的表分为内部表（managed_table）和外部表（external_table）。

内部表的数据放在Hive数据仓库中（即在HDFS上的某个文件夹里），外部表的数据文件存放在数据仓库外。它们最大的区别是，drop managed_table，将删除HDFS上的数据。而drop external_table时，不会删除HDFS上的数据，仅仅删除元数据。内部表适合作中间表、结果表，一般不需要从外部（如本地文件）加载数据。而外部表可以作为数据源表，定期将外部数据加载到该表中。

（3）分区（partition）：分区是表的部分列的集合。为频繁使用的数据建立分区，查找分区中的数据时就不需要扫描全表，有利于提高查找效率。Hive分区是在创建表的时候用Partitioned by关键字定义，使用HDFS的子目录功能实现，即在表的主目录下建立一个子目录，子目录名即是分区名。例如：

```
create table Partable（name string，title string）
partitioned by（age tinyint）row format delimited fields terminated by ',';
```

Partable是这个分区的子目录名。

（4）桶表（bucket）：table和partition都是目录级别的数据划分，bucket则用哈希函数对表的数据文件或者分区数据再进行细粒度划分。当数据量很大时，通过粗分区和细粒度桶表划分后，可以产生多个map和reduce过程，大大加快数据访问速度。

Hive的分桶是对列值进行hash,并用hash结果除以桶的个数后取余数，保证了每个桶中都有数据，但每个桶中的数据条数不一定相等。

5.6.3 索引与分区、分区与分桶的区别

Hive也支持索引。与关系数据库不同，Hive不支持主外键，因此不具备系统为主键设定的默认索引。Hive中，索引和分区最大的区别就是索引不分割数据库，分区分割数据库。索引是用额外的存储空间换查询时间，但分区将整个大数据仓库按照分区列拆分成多个小数据仓库，查询时减少全表扫描。

分区和分桶最大的区别是分桶随机分割数据库，分区是非随机分割数据库。分桶按照列值的哈希函数进行分割，相对比较平衡；而分区是按照列的取值分割，容易造成数据倾斜。另一个区别是分桶对应不同的文件（细粒度），分区对应不同的文件夹（粗粒度）。表（外部表、内部表）、分区表均对应HDFS上的目录，而桶表对应目录里的文件。

5.6.4 Hive 的系统结构

Hive 的体系结构分为用户层、服务层、元数据存储、Hive 数据存储与计算层，如图 5.14 所示。

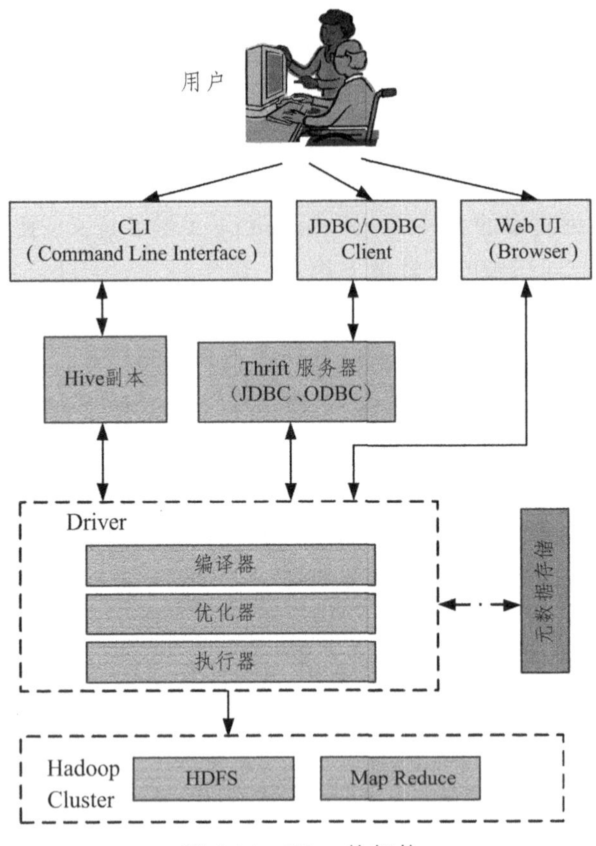

图 5.14　Hive 的架构

（1）用户层：有三个主要接口 CLI（命令行，Command Line Interface）、JDBC/ODBC Client 和互联网用户界面（WUI）。其中最常用的是 CLI，启动 CLI 时会同时启动一个 Hive 副本。Client 是 Hive 的客户端，连接至 Hive Server。WUI 则是通过浏览器访问 Hive。

（2）服务层：Thrift Server 支持远程客户端使用多种编程语言，如 Java、Python、C#等访问 Hive，而不必使用命令行，还支持 Kerberos 身份验证、多客户端并发等。JDBC/ODBC 通过 Thrift RPC 协议实现用户与 Hive 数据仓库间的交互。驱动器（Driver）包含了编译器、优化器、执行器三部分，完成对 HQL 查询语句的词法分析、语法分析、编译、优化及生成查询计划；

生成的查询计划存储在 HDFS 中，并在随后的 MapReduce 调用执行。

（3）元数据存储（Meta store）：Hive 将元数据存储在关系数据库中，如 Mysql。Hive 中的元数据包括数据仓库模式定义、表的定义、分区及其属性、ETL 规则和公式、查询规则等。

（4）Hive 的数据存储与计算层：这一层基于 Hadoop 架构。Hive 数据仓库数据存储在 HDFS 中。大部分的查询和计算由 MapReduce 完成。Hive 的默认数据仓库是一个文件主目录/user/hive/warehouse。除外部表外，每个表在数据仓库下都有一个相应的子目录。分区表的一个 Partition 对应该表下的一个子目录；每个 Bucket 对应一个文件。当数据被加载到表中时，不会对数据进行任何转换，只是将数据移动到数据仓库中去。非外部表被删除时，表数据和元数据都被删除；外部表被删除时，只删除元数据不删除表数据。大部分的查询由 MapReduce 计算完成；但 select * from xxx 和 select * from xxx where…不会生成 MapReduce 任务。针对分区字段的查询不生成 MapReduce 任务。

5.6.5　Hive 的优缺点

1. Hive 的优点

（1）简单易学。由于支持类 SQL 的查询语言 HQL，凡是有数据库知识和技术基础的均能容易地使用 HQL。

（2）管理大数据。由于底层 Hadoop 机制是透明的，即采用类似数据库的方式，应用 SQL 管理大数据不必了解 HDFS 数据文件和 MapReduce 计算机制，无须进行底层编程。

（3）可扩展。MapReduce 作为计算引擎，HDFS 作为存储系统，因此它支持大数据的查询计算和扩展能力。

（4）一般情况下不需要重启服务，Hive 就可以自由地扩展集群的规模。

（5）HQL 支持大部分的 DDL、DML、聚合函数和各种类型的查询。

（6）提供统一的元数据管理（Meta store）。

（7）延展性。Hive 支持用户自定义函数，用户可以根据自己的需求来实现自己的函数。

（8）容错。基于 Hadoop 良好的容错性，节点出现问题，SQL 仍可完成执行。

2. Hive 的局限性

（1）Hive 的 HQL 表达能力有限。因 HDFS 的限制，支持一次写入多次查询，但不支持行级的增、删、改。

（2）不支持更复杂的算法，如迭代式算法 page rank，聚类算法 k-means。

（3）Hive 的效率较低。因为 Hadoop 是一个面向批处理的系统，而 MapReduce 任务（job）的启动过程需要消耗较长的时间，所以 Hive 查询延时比较严重。传统数据库中在秒级可以完成的查询，在 Hive 中，即使数据集相对较小，往往也需要执行很长时间。Hive 将用户的应用自动生成 MapReduce 作业，通常情况下不够智能化。此外，Hive 的一个查询可能编译为多轮 MapReduce，存储中间查询结果，增加了时间开销。

此外，大数据造成的数据倾斜问题带来低效率。例如，key 的分布不均匀，一个 word count 任务中，"abc" 占比 70%，其余单词共占比 30%，那么汇总 "abc" 数量的 reduce 任务量很重，其余则空闲并等待，分布不均匀造成效率较低[3]。关于业务逻辑造成的数据倾斜，资料[3]中引用了他人总结的 goup by，count distinct，join 三种情况。

（4）只支持逻辑视图，不支持物理化视图。

5.6.6 基于 Hive 的 OLAP 功能

5.5.2 节和 5.5.3 节中讨论了数据仓库的一个"元" OLAP 操作——建立全数据立方体（Full data cube），其他的 OLAP 都是在全立方体之上的分析任务。NewSQL 的 Hive 同样支持类似的 OLAP 操作。

1. 全立方体（With Cube）

设有数据仓库管理学生成绩，见表 5.7。

表 5.7 数据仓库中的"学生-成绩"表

学号	姓名	系名	课程名	考试年	考试月	考试日	成绩
201801	于一	软件	数据库	2018	12	1	83
201801	于一	软件	数据结构	2018	12	5	78
201802	吴勋	计算机	数据库	2018	12	1	90
201806	林妤洁	计算机	数据结构	2018	12	5	69
201806	林妤洁	计算机	嵌入式	2019	01	6	86

语法：group by a, b with cube。

作用：根据 Group By 维度的所有可能组合进行聚合，n 个维度会有 2^n 种组合。

使用如下 HQL 语句，构建 Cube。

```
Select 学号,系名,课程名,count（distinct 学号）as 人数
From 学生成绩
Group by 学号,系名,课程名 with cube;
```

产生的 OLAP 结果如表 5.8 所示。

表 5.8　With Cube 的 OLAP 结果

学号	系名	课程名	人数
201801	软件	数据库	
201801	软件	数据结构	
201802	计算机	数据库	
201806	计算机	数据结构	
201806	计算机	嵌入式	
201801	Null	数据库	1
…	…	…	…
201806	Null	嵌入式	1
Null	软件	数据库	1
Null	计算机	数据库	1
Null	计算机	数据结构	1
Null	计算机	嵌入式	1
Null	Null	数据库	2
Null	Null	数据结构	2
Null	Null	嵌入式	1
…			
Null	Null	Null	3

2. Grouping Sets 指定维度聚合

语法：group by a, b grouping sets (a, b)。

作用：根据 Grouping Sets 指定的维度组合进行聚合，是 Cube 的一部分。Grouping Sets 意味着产生小计记录，是多个分组的并集，即只返回按单个列分组后的统计数据的并集。

【例 1】Group by grouping sets（A）等同于 Group By A 的统计结果集。

【例 2】Group by grouping sets（A，B）等同于 Group By A，Group by B 两种分组统计结果集的并集且未去掉重复数据。

针对表 5.7 的数据，完成如下查询，得到 OLAP 结果如表 5.9 所示。

```
Select 系名,课程名,count（distinct 学号） as 人数
From 学生成绩
Group by 系名,课程名 grouping sets（系名,课程名）;
```

表 5.9　Grouping Sets 的 OLAP 结果

系名	课程名	人数
软件	Null	1
计算机	Null	2
Null	数据库	2
Null	数据结构	2
Null	嵌入式	1

3. With Rollup 层级维度聚合

语法：group by a, b, c with rollup。

作用：以 Group By 最左侧的维度（a 维度）为主，从该维度的角度去上卷，是 Cube 的一部分。上卷意味着沿着 a 维度的层次减少细节，参考 5.5.2 节。

针对表 5.7 的数据，完成如下查询，结果如表 5.10 所示。

```
Select 课程名,考试年,考试月,考试日,count (distinct 学号)
As 人数
From 学生成绩
Group by 考试年,考试月,考试日,课程名 with rollup;
```

表 5.10　With Rollup 的 OLAP 结果

课程名	考试年	考试月	考试日	人数
数据库	2018	12	1	2
数据结构	2018	12	5	2
嵌入式	2019	01	6	1
Null	2018	12	Null	4
Null	2019	01	Null	1
Null	2018	Null	Null	4
Null	2019	Null	Null	1

5.7　Apache Kylin——Hadoop 生态圈的 MOLAP 机制

Apache Kylin 是一个面向大数据的开源分布式分析引擎[4,5]，是基于 Hive 和 HBase 的 MOLAP 机制，为 Hadoop/Spark 等数据平台上的大数据提供 SQL 查询接口及多维分析能力（OLAP）。最初由 eBay 开发并贡献至开源社区，能够处理 TB ~ PB 级别的分析任务，在亚秒级（1 GHz/1.2 s）查询巨大的 Hive 表，支持高并发。2015 年 11 月正式成为 Apache 的顶级项目，也成为首个完全由中国团队设计开发的顶级项目。

5.7.1　Kylin（麒麟）的基本原理和架构

Kylin 的基本原理是将复杂的聚合计算和多表联结操作转换成对预计算结果的查询。具体是构建数据立方体（Cube），存储预计算好的各种聚合结果。查询时可以直接访问，提升了分析性能。

Kylin 从数据仓库中最常用的 Hive 中读取源数据，使用 MapReduce 作为 Cube 引擎，将预计算结果存储在 HBase 中。查询接口是 Restful API/JDBC /ODBC。Kylin 支持标准的 ANSI SQL，可以与常用的分析工作（如 Excel）进行无缝对接。图 5.15 展示了 Kylin 的架构[6]，目前 Kylin 只支持星模式。

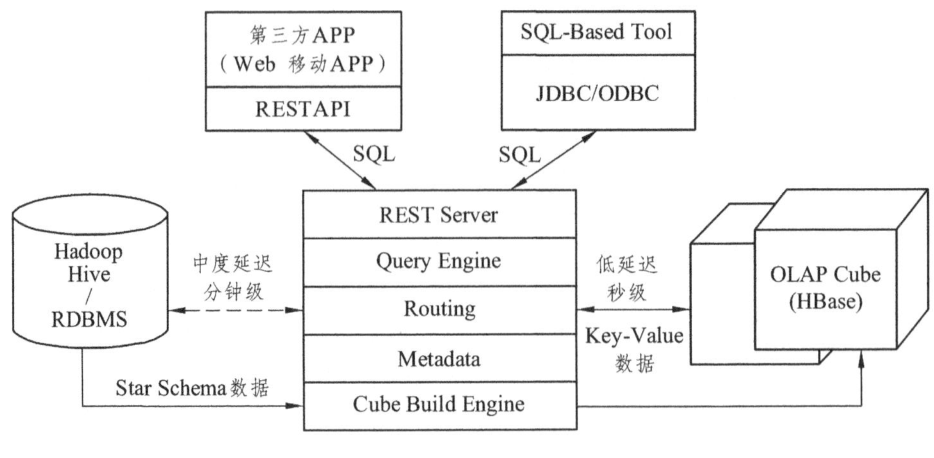

图 5.15 Kylin 的架构

5.7.2 Kylin 的关键点

在 kylin 中，最关键的是 Cube 的预计算过程和 SQL 查询转换成 Cube 的过程。

（1）构造 Cube：首先 Kylin 设置 Cube 名、Cube 的星形模型结构、维表和事实表等信息，根据 Hive 中事实表定义的分区设置增量更新的信息，设置 Row key、Cube 大小等信息。然后从 Hive 中读取数据，生成 HFile，然后装载到 HBase 中。当数据更新时，Kylin 采用增量 Cubing 技术，实现快速响应。

（2）对传统 MOLAP 进行改造：MOLAP 的存储代价是很大的，是用空间换时间的方式。为了减少空间代价，Kylin 采用 Hierachy Dimension，Derived Dimension，Aggregation Group 等方式降低维度组合；采用压缩技术保证存储在 HBase 及内存中的数据尽可能少；采用 HypeLogLog 的方式来计算 distinct count，虽然计算出近似值，有误差，但速度快，适用于非计费等场景。

（3）解析 SQL，生成 OLAP 操作，访问 Cube：Kylin 主要是使用 Calcite 框架，解析用户输入的 SQL，形成语法树，转换成对 HBase 的 key-value 查询操作以获取结果。但 Kylin 对 SQL 子查询、SQL Join 等一些命令不能够支持，因此还有待改进。

5.7.3　Kylin 的实际应用例子

Apache Kylin 已在国内多个大公司的项目中进行了应用，例如，美团数十亿数据 OLAP 场景，在百度地图的实践，在电信运营商的实践，应用于国美在线，等等。

1. Kylin 在京东云海的应用[7,8]

京东云海是由京东和 ISV（与京东云合作的第三方服务厂商）共同合作的模式，对商家提供服务。云海提供基础的京东 POP（商家开放平台）数据，包括商品、商家、客服绩效、品牌、行业等多维数据。ISV 通过商家授权可以获取商家基础数据，上传相关维表数据到数据仓库。ISV 可以在云海开放平台上基于 Hive 开发功能，对上传数据和商家基础数据进行关联计算，计算结果可以通过数据开放 API 查询，ISV 将结果展现给商家使用。京东开放云服务 JOS（宙斯）开放了接近 500 个 API，2015 年每天调用量在 7 亿次左右。JOS 的 API 定时抓取 Hive 数据仓库中存储的日志数据，还要针对 API 的调用情况进行多维分析，分析查询延迟只能在秒级，并使用 BI 工具进行分析展现。Kylin 被选作在大数据情况下进行交互式多维分析的数据仓库引擎，它不仅要完成大数据量情况下秒级多维分析，还要支持与传统 BI 工具无缝集成，提供标准的 JDBC、ODBC 接口，完全基于 Hadoop 生态系统，支持水平扩展等。

2. Kylin 应用于百度地图项目[8]

在 2014 年底，百度地图团队需要构建一个完整的 OLAP 数据分析平台，从而在百亿行级数据上，支持采用单 SQL 语句实现多维分析查询服务，延迟是毫秒到秒级。团队对比了 Apache Drill，Presto，Impala，Spark SQL，Apache Kylin 等技术，最终选择了 Kylin。Kylin 基于 MapReduce 进行数据预计算，构建全立方体并存储，以空间换时间，从而提供大数据的超快速查询（亚秒级）。百度地图团队在 Apache Kylin 集群上跑了多个 Cube 测试，结果证明它能够有效解决大数据计算分析的三大问题：一是百亿级海量数据多维动态计算的耗时问题，Apache Kylin 的解决方案是预计算生成全立方，结果数据存储在 HBase；二是分析中的复杂条件筛选问题，用户查询时，Kylin 利用路由查找算法及优化的 HBase 协处理器来解决；三是跨月、跨季度、跨年等大时间区间查询问题，Apache Kylin 的 Cube 数据管理主要基于 data segment 粒度，为了完成大时间区间的查询，百度团队对 Cube 的 segment 进行了二次开发来解决问题。

5.8 Hive 的适用场景

根据上面的分析，Hive 适合基于 Hadoop 的数据仓库和 OLAP 应用，而不适合 OLTP 应用。虽然基于 Hadoop 技术，但当程序设计者不想编写复杂 MapReduce 代码时，可应用 Hive。2016 年 12 月 DeZyre 公司在文章[9]中指出，Apache Hive 的市场份额大约为 0.3%，即 1 902 个美国公司正在使用 Hive。一些使用 Hive 的中外公司列举如下：

（1）腾讯的 TDW（Tencent distributed Data Warehouse，分布式数据仓库）基于开源软件 Hadoop 和 Hive 进行构建，打破了传统数据仓库不能线性扩展、可控性差的局限，并且根据腾讯数据量大、计算复杂等特定情况进行了大量优化和改造。

（2）亚马逊在 Amazon Elastic MapReduce 中使用了 Hive。

（3）Scribd 使用 Hive 进行随机查询、数据挖掘和用户脸部识别分析。

（4）Hubspot 应用 Hadoop 系列技术进行近实时 Web 分析，Hive 是这个系列技术中必不可少的一部分。

（5）Chitika，著名的在线广告网络商，基于它 43.5 亿的全球用户库，使用 Hive 完成数据挖掘和分析。

（6）携程的大数据平台涉及 Hive 和 Hive on Spark 技术。

5.9 Hive 与 HBase 的比较

Hive 与 HBase 是大数据两大著名管理技术，它们在以下多个方面各具特色（见表 5.11），适用于不同的大数据管理和分析领域。

表 5.11 Hive 与 HBase 的比较

特点	Hive	HBase
数据库类型	是一种数据仓库机制	支持 NoSQL 数据库，管理大规模无结构数据

续表

特点	Hive	HBase
处理类型	支持批处理，是一种 OLAP。Hive0.14 版本已支持删除和更新操作	Key/Value 机制，运行在 HDFS 之上。可在 HDFS 上实时运行，不必运行 MapReduce 任务。是一种 OLTP。 支持 4 种主要的操作：① 增加或者更新行；② 查看一个范围内的数据单元；③ 获取指定的行；④ 删除指定的行、列或列的版本值
数据模式	有数据模式。不考虑事务处理，不完全兼容 ACID 原则	无模式。虽然 HBase 包括表格，但表格和列簇有一定的模式，而列无模式。不完全兼容 ACID 原则
延迟	相较于 HBase，Hive 延迟高，因为运行 Hive 查询将默认遍历表中所有的数据。但通过分区机制可降低时间代价	相较于 Hive，HBase 延迟低
数据存储模型	数据存储模型是关系 DBMS	数据存储模型是列式存储
SQL 支持	类 SQL 的 HQL（Hive Query Language）。HQL 命令被转换为 Map/Reduce 操作。虽然提供了 SQL 查询功能，但是 Hive 不能进行交互查询，只能在 Hadoop 上批量执行	不支持 SQL
分区方法	分区允许在数据集上运行过滤查询，这些数据集存储在不同的文件夹内，查询的时候只遍历指定文件夹（分区）中的数据。这种机制可以用来只处理在某一个时间范围内的文件，只要这些文件名中包括了时间格式	

续表

特点	Hive	HBase
一致性级别	本质上是最终一致性	本质上是即时一致性
扩展	Hive 基于 Hadoop 可以有很强的水平扩展功能	使用分片模式。HBase 可利用 Hadoop 的基础设施，也可以利用通用的设备进行水平扩展
使用的时机	不希望写复杂的 MapReduce 码时，应用 Hive	希望在读写大量数据时可以随机访问，使用 HBase
辅助索引	不支持辅助索引	支持辅助索引
复制方法（高可用性、灾备、故障恢复）	可将 Hive metastore 和数据从一个簇复制到另一个簇。基于用户定义的复制安排，保证目标簇的数据集和元数据存储与源保持一致	支持 HBase 层间数据复制，例如，面向 Web 的簇与 MapReduce 簇之间的数据备份。基本方式是“master-push”
使用	熟悉 SQL 查询和概念时，建议使用 Hive。 对历史数据完成分析性查询时。 结构化的数据有利于 Hive 完全施展其处理和分析能力。例如，用来计算趋势或者分析网站日志。 不支持实时分析，因此 HBase 在实时分析时是一个可选技术	数据量巨大时，建议使用 HBase。非常适合用来进行大数据的实时查询。 无法完全遵循 ACID 原则时。 当数据模式是稀疏时。 当需要顺畅地升级应用时

5.10 Hive 和关系数据仓库的异同

（1）查询语言。由于 SQL 被广泛地应用在数据仓库中，专门针对 Hive 的特性设计了类 SQL 的查询语言 HQL。熟悉 SQL 开发的开发者可以很方便地使用 Hive 进行开发。

（2）数据存储位置。Hive 是建立在 Hadoop 之上的，所有 Hive 的数据都是存储在 HDFS 中的。而传统数据仓库将数据保存在本地文件系统中。

（3）数据类型。Hive 的基本数据类型和 Java 中的数据类型一一对应，也包含了与传统数据仓库和数据库类似的数据类型，参考表 5.5。但 Hive 中的复合数据类型是关系数据仓库所没有的。

（4）ETL 过程。Hive 有默认的三个文件格式，TextFile，SequenceFile 及 RCFile。Hive 是文本批处理系统，在完成 ETL 并向 Hive 中导入数据时，不要求数据转换成特定的格式，而是利用 Hadoop 本身 InputFormat API 从不同的数据源读取数据，同样地使用 OutputFormat API 将数据写成不同的格式（如默认的三种格式之一）。Hive 在加载的过程中不会对数据本身进行任何修改，而只是将数据内容复制或者移动到相应的 HDFS 目录中。

而在数据仓库中，需要集成多个数据来源的不同类型和格式的数据，所有数据都需要经过 ETL 过程，完成数据清洗、数据转换（语法、语义、类型、格式等方面），数据仓库 ETL 过程是一个非常烦琐又关键的过程。

（5）索引。Hive 不支持主外键，因此无法为键值建立索引。Hive 要访问满足条件的值时，一般要扫描整个数据表，因此访问延迟较高。通过分区和分桶，可避免全表扫描，提高查询效率。传统数据仓库事实表和维表之间通过主外键相关联，底层采用关系数据库的索引方式，提高访问效率。

（6）执行。Hive 中大多数查询的执行是通过 Hadoop 提供的 MapReduce 来实现的。而传统数据仓库基于关系数据库的查询优化和执行引擎来实现。

（7）查询效率。由于没有主外键索引，Hive 需要扫描整个表，查询费时。另外一个导致 Hive 查询费时的因素是 MapReduce 框架，由于 MapReduce 本身具有较高的延迟，因此在利用 MapReduce 执行 Hive 查询时，也会有较高的延迟。

当数据规模较小时，关系数据仓库的查询效率相对更高。当数据规模很大，超过关系数据库的处理能力时，Hive 的并行计算更有优势。

（8）可扩展性。由于 Hive 是建立在 Hadoop 之上的，因此 Hive 的可扩展性和 Hadoop 的可扩展性保持一致。而 Hadoop 为数据存储和处理提供了很强的水平扩展功能，例如，雅虎的 Hadoop 机器总节点数在 2012 年超过 42 000 个，Facebook 的 Hadoop 集群的机器节点在 2015 年超过 1 400 个，腾讯在 2014 年 Hadoop 单集群规模达到 4 400 台。

由于数据仓库需要集成多源数据，多维分析涉及的数据面广，构建 Cube 完成聚合值计算操作较复杂，数据存储为集中式，扩展性有限，建议采用基于硬件的主从模式扩展；如果采取数据分片策略，则需要考虑工作负载、应用程序的生命周期等，更要考虑与应用相关数据的特点，才能有效进行扩展。

（9）数据形态。Hive 支持多样化的大数据，数据类型更复杂。基于 Hadoop 平台，可处理的数据量更大。而 ROLAP 支持结构化的数据，数据类型相对简单，可处理的数据量不如 Hive。

5.11 Hive 和 HBase——联合起来作用更强大

Hive 和 HBase 是两种基于 Hadoop 的大数据技术，有大量的差异，适用性也不同（参看表 5.11）。例如，2018 年 Facebook 有 22.7 亿位月活跃用户，他们可以飞快地登录自己的个人描述页。要实现这样效率，不是 Hadoop，Hive 或 HBase 单个技术可以独立胜任的。只有将多个大数据技术联合起来，才能为用户带来无与伦比的体验。大数据系统的复杂性也要求每个技术与其他技术相集成，才能更好地应对。

以 Facebook 的朋友推荐系统为例，这个系统并不会随时都在改变。因此，可以为所有 Facebook 用户预计算推荐，超大量的预计算任务是关键，而时间要求可以放低。这时 Hadoop MapReduce 或者 Hive 是十分有用的。而用户的个人描述数据或是新闻推送是不断变化的，这时 NoSQL 数据库要比传统的 RDBMS 更快速，HBase 正是 NoSQL 中的重要技术，可以加以使用。因此，Hive 完成分析应用，分析结果存放在 HBase 中以便随机访问，实现两种技术联合互补。

Hive 和 HBase 都可以存储、管理非结构的数据。HBase 是适合管理实时流数据的 NoSQL 技术，而 Hive 是一种数据仓库，是在 Hadoop 上层基于 MapReduce 的 SQL 引擎，适合于大数据的批处理。Hive 有很大的查询延迟限制，而 HBase 没有分析能力。将两者相集成可以实现最好的方案。例如，Hive 可用做向 HBase 批插入的 ETL 工具，或执行联结查询，该查询将 HBase 表中的数据与 HDFS 文件或外部数据存储中的数据相关联。由此针对 HBase 表写一个 HQL 查询，可以很好地利用 Hive 的语法和编译器、查询执行引擎、查询计划器等，有效访问 HBase 数据。用 HQL 查询访问 HBase 时，需要实现一个基本的接口，被称为 HBaseStorageHandler。虽然应用可以直接通过输入/输出格式与 HBase 表交互，但 Handler 既容易实现又能适用于大多数的应用场景。由于已经存在 Hive 与 HBase 的中介层，Hive 可以通过其附加库与 HBase 进行交互。

Hive 与 HBase 之间的接口还在不断完善，潜力很大。集成 Hive 与 HBase 遇到的唯一挑战是，HBase 的稀疏和无模式问题与 Hive 的密实和类型化模式之间的不匹配。

参考资料

[1] William H Inmon. Building the Data Warehouse. 第 4 版,2005-10-07, ISBN: 9780764599446. Wiley Publishing, Inc.

[2] Ralph Kimball,Margy Ross,Warren Thornthwaite,Joy Mundy,Bob Becker. The Data Warehouse Lifecycle Toolkit. 第 2 版,2008-01-10,ISBN: 0470149779, Wiley.

[3] Chyeers 博客. MapReduce 中数据倾斜的产生和解决办法详解. 2017-10-23. https://blog.csdn.net/chyeers/article/details/78320778.（2019-01-31 访问）

[4] Apache Kylin 中文首页. http://kylin.apache.org/cn/.（2019-01-31 访问）

[5] Apache Kylin Home. http://kylin.apache.org/.（2019-01-31 访问）

[6] 何宜梅. Apache Kylin:唯一来自中国的顶级开源项目. 搜狐科技,2017-05-22. http://www.sohu.com/a/142623816_465944.（2019-01-31 访问）

[7] 王晓雨. Apache Kylin 在云海的实践. CSDN,2015-11-27, https://www.csdn.net/article/2015-11-27/2826343.（2019-01-31 访问）

[8] Eric_Lee 博客.一文读懂 Apache Kylin.CSDN,2018-01-16, https://blog.csdn.net/u010708577/article/details/79072873.（2019-01-31 访问）

[9] DeZyre. Hive vs. HBase-Different Technologies that Work Better Together. https://www.dezyre.com/article/Hive-vs-HBase-different-technologies-that-work-better-together/322.（2019-01-30 访问）

第 6 章　大数据智慧管理技术的组合应用

【本章要点】

- ✧ 关系数据库与 NoSQL 技术的组合
- ✧ NoSQL 与 NewSQL 技术的联合
- ✧ 技术组合案例

我们已经深入讨论了 Old SQL 中的关系数据仓库、New SQL 中的 Hive，NoSQL 中的 HBase 的数据模型、工作机制、性能、优劣势和适用性。在大数据时代，它们各有千秋，组合这些技术可以为应用带来更大更多的优势[1,2]。

6.1　关系数据库与 NoSQL 的组合

在一部分应用中，如果在关系数据库中集成 NoSQL 技术或反之都是一种明智的方法。这样的技术组合可以通过缓存读操作，提高查询性能，或者在服务器间更容易地进行数据扩展。4.8 节已经展示了 Old SQL 与 NoSQL 之间联合带来的优势，这里针对 Old SQL+NoSQL 组合的应用进行扩展分析[3]。

1. 文本数据库

ERP 解决方案传统上是采用关系型数据库，但缺乏灵活性，用户无法在不改变数据库模式的前提下定制他们的数据表格。通过在系统中加入 NoSQL 的文本数据库，用户可以快速地创建和编辑表格。将数据存储为文本能更好地适应变化和发展，因为当表格参数改变时，数据存储无须改变，可以适应相应的变化。

某些数据库厂商已经认识到了技术组合的优势，例如，Microsoft SQL Server 2016，提供了在单元中存储 JSON 文档的功能。相比关系数据库表上的数据更新，这样的集成可以让工作流和相应的数据更新更简单轻松。著名的文本数据库有 MongoDB 和 CoucHBase。

2. 内存数据库和图形数据库

E-commerce 的成功很大程度上是依赖于能向用户推荐他们可能感兴趣的产品或服务。他们分析用户以前的购买行为，跟踪用户查看了的但没有购买的产品项。他们对用户的朋友和同一地区的其他用户做相似性分析，然后协同所有数据，发现趋势。这项任务面临的挑战是，当用户打开 E-commerce 页面时必须快速进行数据分析。如果需要查询关系数据库，进行多表联结才能获得结果，则会由于速度滞后而无法完成推荐。

一个好的解决方案是在关系数据库的前端增加一个内存数据库，用来暂存所有用来完成内存查询的数据，从而不必每次访问磁盘。一个更好的解决方案是增加一个图数据库，用来跟踪用户的所有关系户，从而综合考虑用户和用户的朋友们的喜好。

内存数据库大部分运行在 RAM，但某些内存数据库具有将数据在硬盘中持久化的能力，提供复制、快照和事务日志等功能。Memcached 和 Redis 是最著名的内存数据库。图数据库存储数据的图结构，通过优化结点之间的链接模式，支持快速的查询和查找。知名的图数据库有 Neo4j 和 InfiniteGraph。

3. 欺诈检测

无论是运营线上商店还是实体店，不松懈地防范欺诈是十分重要的。为此，需要迅速记录系统的多个维度数据，如 Web 服务器日志、文件服务器记录或者信用卡支付网关等。这些不同来源的数据不会都是结构化的，因此设计关系数据库进行欺诈检测十分困难。此外随着时间变化，系统中的某些来源的数据或参数要加入或移除，需要数据库处理。列式数据库适合这样的需求，支持快速写入。

列式数据库有针对大数据的良好的读/写性能和高可用性。这类数据库运行在服务器的聚簇之上。如果数据量较小，适合存放在单服务器上。列式数据库有 HBase，Cassandra 等。

关系数据库的用户已经看到了 NoSQL 数据库的优势，正在寻求一条可行之路进行 NoSQL 数据库的集成。需要注意的是，NoSQL 方案适合一定的应用场景，而关系数据库在大量应用中更为适用，不应盲目地放弃关系数据库技术。

6.2　NoSQL 与 NewSQL 的联合

New SQL 的 Hive 与 NoSQL 家族的 HBase 各有长处和弱势，可组合使用，取长补短，实现“双赢”。5.11 节已经讨论面向大数据应用需求时，NoSQL 的 HBase 与 New SQL 的 Hive 相结合带来的提升。

目前，Hive 与 HBase 集成的方式之一是将 HBase 作为 Hive 数据仓库的非结构化数据来源之一，应用标准的 ETL 模式将 HBase 中的历史数据提取转换到 Hive 表中，基于 Hive 完成深度分析。另一种方式是构建 HBase 数据库，但由于 HBase 没有类 SQL 语言，数据库的构建、维护与查询十分笨拙，通过整合 Hive，利用 HQL 可以完成 OLTP 任务。Hive-705[4]支持 HiveQL 在 HBase 表上直接进行读（select）和写（insert），甚至借助 Join 和 Union 复杂查询组合访问 HBase 表和 Hive 表。此功能从 Hive 0.6.0 开始引入。Hive 与 HBase 整合的实现可利用 storage handler 的独立模块 hive-hbase-handler-x.y.z.jar 中的类实现通信。Hive 客户端的 auxpath 上不仅有 HBase、Guava 和 Zookeeper 的 jar 包，还应提供该模块，而且需要正确配置该模块，从而与正确的 HBase 主节点连接。

创建由 Hive 管理的新 HBase 表，在 CREATE TABLE 中使用 STORED BY[5]。综合技术博客中的讨论，下面讨论 Hive 映射到 HBase 的两种情况的例子。

1. Hive 内部表

创建如下 Hive 表，其中 cf 表示列族。可以在 HBase shell 中查看 photo_info。如果在 Hive 中删除（drop）photo_info_hbase，HBase 中的表也相应删掉。

```
CREATE TABLE  photo_info_hbase (
     key string,
     photo_ID string comment "编号",
     photo_date string comment "照片拍摄时间",
     photo_location string comment "照片拍摄地",
     resol string comment "分辨率")
STORED BY 'org.apache.hadoop.hive.hbase.HBaseStorageHandler'
WITH SERDEPROPERTIES ("hbase.columns.mapping" = ": key,
cf: photo_ID, cf: photo_date, cf: photo_location, cf: resol")
TBLPROPERTIES ("hbase.table.name" = "photo_info");
```

2. 创建 Hive 外部表

```
CREATE EXTERNAL TABLE   photo_info_ext_hbase (
      key string,
      photo_ID int,
      photo_date date,
      photo_location string,
      resol string )
STORED BY 'org.apache.hadoop.hive.hbase.HBaseStorageHandler'
WITH SERDEPROPERTIES  ("hbase.columns.mapping" = ": key,
cf: photo_ID, cf: photo_date, cf: photo_location, cf: resol" )
TBLPROPERTIES ("hbase.table.name" = "photo_info_ext");
```

上例创建 Hive 外部表。当 Hive 删除 photo_info_ext_hbase，hbase 中的表 photo_info_ext 不会随之删掉。

其他的技术联合例子有，在 Hive 元数据存储中创建多个表，这些表的数据来源于多个外部资源，如 Amazon S3，HDFS 和 HBase，从而实现丰富的多源数据集成。例如，如果 HBase 中只有某个高铁车站的缩写，S3 中的 CSV 不仅包含车站缩写，还提供高铁车站全名，所在城市及所在地址，可以进行如下设计实现用 Amazon S3 的数据丰富 HBase 数据。

具体做法是，用 Hive 中的 HQL 查询编辑器创建一个表：

```
CREATE EXTERNAL TABLE StationInfo (
      stName string,
      abbr string,
      cityName string,
      addr string )
ROW FORMAT DELIMITED
FIELDS TERMINATED BY ', '
STORED AS TEXTFILE location 's3: //us-east-1.elasticmapreduce.
samples/demo/st-data/';
```

根据上面创建的表，联结 HBase 和 S3 中的数据表，基于车站缩写完成自然联结，从而回答类似这样的查询：多少旅客使用信用卡购票，购票所在的车站？

```
SELECT cctype， stName， Count（rowkey）
FROM customer c
JOIN StationInfo S ON（c.station = S.abbr）
GROUP BY cctype， stName;
```

6.3 应用组合技术的公司示例（见表 6.1）

表 6.1 技术组合应用示例

技术产品	所采用的技术组合
Facebook	（1）基于关系型数据库的数据分片技术 （2）简单的基于 key-Value 方式保存数据
Twitter	（1）基于关系型数据库的数据分片技术 （2）通过 Gizzard 实现数据的分片和复制
Tumblr （全球最大的轻博客网站之一）	（1）基于关系型数据库的数据分片技术 （2）局部使用 HBase
Pinterest（图片社交平台， 或图片版 Twitter）	（1）基于关系型数据库保存数据 （2）基于多种方法实现缓存

参考资料

[1] 搜狐咨询,IT168. 大数据时代数据库混合部署方案探究. 2013-12-23. http://roll.sohu. com/20131223/n392255361.shtml.(2019-01-23 访问)

[2] Joab Jackson. 'NewSQL' Could Combine the Best of SQL and NoSQL. Computerworld,Aug 2011. https://www.computerworld.com/article/2510767/business-intelligence/-newsql--could-combine-the-best-of-sql-and-nosql.html.(2019-01-23 访问)

[3] Ariel Maislos. Hybrid Databases:Combining Relational and NoSQL. June 2017, https://www.business2community.com/cloud-computing/hybrid-databases-combining-relational-nosql-01866203.(2019-01-23 访问)

[4] HIVE-705. Hive HBase Integration(umbrella)-ASF JIRA. https://issues.apache.org/jira/browse/HIVE-705.(2019-01-25 访问)

[5] HBaseIntegration-Apache Hive-Apache Software Foundation. https://cwiki.apache.org/confluence/display/Hive/HBaseIntegration.(2019-01-25 访问)

实践应用篇

大数据智慧管理与分析之实践指南

第 7 章　数据仓库建设与 OLAP 分析实践

【本章要点】

✧ 数据仓库建设的基础步骤——数据预处理
✧ 数据仓库设计建模
✧ OLAP 分析操作
✧ MDX——OLAP 分析语言
✧ B/S 架构的产品销售数据仓库和 OLAP 分析系统开发

7.1　数据仓库实例背景

本书技术篇的第 5 章已经较详细地介绍了数据仓库（Data Warehousing）和 OLAP（On-Line Analytical Processing）技术及它们的特点、数据仓库与数据库技术的区别，讨论了数据仓库的建模与重要的 OLAP 操作。

数据仓库将数据分为两类：一是可进行运算的数据事实（Fact），二是定义、描述和约束事实的属性（Dimension）。数据仓库采用多维模型的方式管理数据，有 ROLAP、MOLAP 和 HOLAP 三种主要逻辑架构。数据仓库的应用层支持 OLAP、决策和数据挖掘任务，从而能透彻深入地理解数据、发现隐含规律和模式、提出合理准确的计划和策略、提升组织的智能水平。

各行各业均可采用数据仓库和 OLAP 技术，以提升智能决策能力，例如，应用于商务、政务、教育、税务等领域，获得商务智能（Business Intelligence）、政务智能（Government Intelligence），或教育智能（Education Intelligence）。而最成熟的应用是在电子商务领域使用数据仓库和 OLAP 技术，目标包括分析产品线销售状况变化，比较不同地域或不同年龄组的顾客行为，实现产品重定位，引导顾客兴趣、优化资源配置，等等。

本章将以市场营销为例详细介绍如何建设一个基于关系数据模型的数

据仓库，并完成重要的 OLAP 分析工作。

市场信息数据仓库的核心要求之一是如何保持老客户，赢得新客户，因此需要找到一种方法，运用采集到的数据来预测客户未来的购买需求，优化产品、营销和服务，从而最大化地满足客户的需求，保持老客户的忠诚，获得更多新客户。为实现这样的决策目标，数据仓库和 OLAP 技术具有强大的作用，提供了三个方面的功能：适合的数据仓库模型、OLAP 分析和统计技术、清晰的图表展示。

下面将从数据预处理、数据仓库建模（ROLAP）、数据仓库构建、OLAP 分析、分析结果可视化等几个层面讨论数据仓库的技术实践。

7.2 数据仓库的数据预处理

7.2.1 数据 ETL 处理的意义

无论是构建数据仓库还是数据库，原始数据的预处理必不可少。所应用的技术被称为 ETL，即数据提取（Extraction）、数据转换（Translation）、数据加载（Loading）。数据仓库中的大数据来自多个数据源，因此 ETL 过程中最重要的一环是数据整合集成，特别是包含大量外部数据源时，如万维网上的竞争数据。由于多源异质异构数据的提取、整合与集成对数据仓库的数据质量非常关键，是避免“垃圾进，垃圾出”，保证有效分析，制定合理准确决策的基础，因此需要迭代地进行 ETL 过程。这个过程可能需要耗费 60%以上的建设心力。

数据预处理的意义有以下几个方面：

（1）现实世界中的数据质量参差不齐，存在异质异构问题，也有大量“脏”数据，必须进行净化、整合、集成等处理，才能保证质量。例如，缺少属性值，是不完整的、缺失的数据；或包含错误，是“噪声”数据；或名称、结构、语义上不一致，是“异质异构”数据；或蕴含不同模式的数据，是“离群点”。

（2）数据类型是多样的，有连续的数值型（如商品价格），有标称型（如商品颜色），有二元的（如买与不买），也有离散的（如商品编号）。数据在输入数据仓库前，应按维度属性要求进行整理。

（3）原始数据是巨量的，而数据仓库应选取与应用和分析主题相关的部分。

（4）没有高质量的数据，就没有高质量的分析结果，也就没有准确地预测、合理的计划，以及对未来发展的决策。数据提取到数据仓库前必须通过预处理提升其质量。

7.2.2　数据 ETL 的技术和作用

（1）数据提取（Data Extraction）：数据提取主要是从多个数据源中获取数据仓库所需数据的过程。这些数据可能是 OLTP 数据库的事务数据、数据库日志、人口信息、行业规范数据、气象、物流，也可能是万维网的 HTML 网页。

① 从关系数据库中提取数据，装载到 ROLAP 的数据仓库中，可以采用数据导入工具，这类工具比较多，如 SQL Server 自带的 SSIS（SQL Server Integration Service）软件工具或 DB2DB。DB2DB 可以支持 SQL Server，MySQL，SQLite，Access 等多种数据库类型之间的数据迁移，通过该工具可以把原来的数据机制，方便快速地部署在不同的数据库甚至是云端数据库下。另一方法是使用中间模型，如利用 PLSQL 软件根据维度的需要，将 Oracle 数据库中的数据分批抽取到 Excel 表格中，得到所需要的源数据。

数据提取后，根据数据仓库的模式（星模式、雪花、星座模式），将数据库格式的数据进行 ETL 后续的处理。

② 如果提取万维网上的非结构化或半结构化数据，一般采用网络爬虫/蜘蛛/机器人等万维网信息爬取工具，将 HTML 形式的网页数据提取并在本地存储。可存储为纯文本，或借助 XML 中间模型，然后通过结构化软件将它们转换为数据仓库的数据类型和格式，再进行 ETL 的后续工作。例如，我们早期开发的软件 xScraper 完成批量提取 Web 数据并将它们结构化为关系数据表的任务。图 7.1 展示了一个应用 xScraper 进行批量 Web 数据提取例子。

在本章，构建数据仓库所需要的数据是公开发布的数据集 AdventureWorks，因此无须完成数据提取任务。

（2）数据净化（Data Cleasing）：通过清洗处理数据，以提高数据的完整性、一致性、可用性等质量水平。数据净化比较繁杂，经常因为没有处理依据而无法进行。相关工作包括：

① 采用全局变量补缺、平均值补缺或贝叶斯公式推断后补缺等方法，对空数据、缺失数据进行数据补缺操作，标注出无法处理的数据。

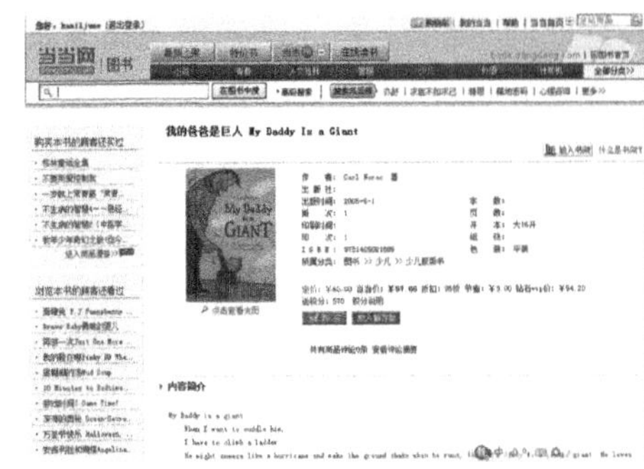

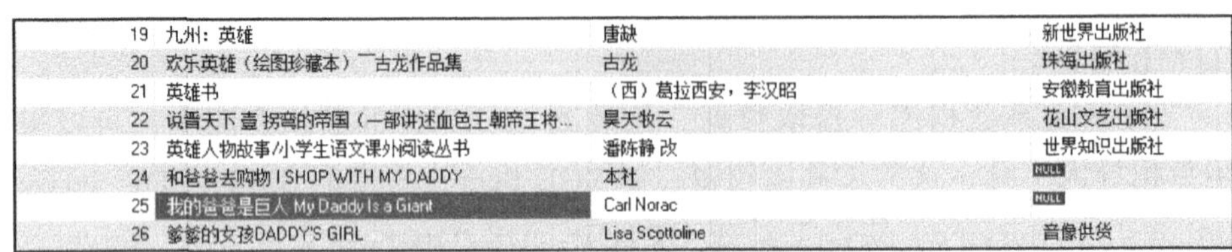

19	九州：英雄	唐缺	新世界出版社
20	欢乐英雄（绘图珍藏本）一古龙作品集	古龙	珠海出版社
21	英雄书	（西）葛拉西安，李汉昭	安徽教育出版社
22	说冒天下 壹 拐弯的帝国（一部讲述血色王朝帝王将…	昊天牧云	花山文艺出版社
23	英雄人物故事/小学生语文课外阅读丛书	潘陈静 改	世界知识出版社
24	和爸爸去购物 I SHOP WITH MY DADDY	本社	NULL
25	我的爸爸是巨人 My Daddy Is a Giant	Carl Norac	NULL
26	爹爹的女孩DADDY'S GIRL	Lisa Scottoline	音像供货

图 7.1 应用 xScraper 批量提取 Web 数据的一个例子

② 对无效数据进行数据的替换；去除冗余数据。

③ 采用“分箱”“回归”等方法平滑去噪，检测离群点。

在本章的实践项目中，对 AdventureWorks 数据集中存在的顾客信息严重缺失的事实条目进行清理；邮编数据应是 5 位，有些数据因省略了前面的 0，变成 4 位数字，所以对邮编进行清洗后才能导入表中。上述预处理通过 MS SQL Server 的 SSIS 完成。

（3）数据变换（Data Transformation）：整合多源数据。按照数据仓库要求，将数据处理为所需要的格式、类型等。相关工作包括：

① 数据集成：即将多个数据源中的数据整合到数据仓库统一模式的要求上，完成不同数据源中的元数据整合。例如，维属性定义中的同义词、反义词、同形异义等语义整合问题；识别来自不同数据源的实体是否一致，例如：A.cust-id= B.customer_no；检测并解决数据值的冲突，例如，同一属性在不同数据源有不同的数据类型、不同的度量、不同的精度等。

② 完成数据聚集、概念分层、规范化、数据离散化、属性转换等工作，例如将出生日期属性转换为年龄区间。

③ 数据拆分：即按一定规则进行数据拆分，行列互换，排序/修改序号，等。

④ 数据或维度归约：即减少数据量，提升数据仓库管理效率和分析性能。例如，采用小波变换进行维度归约，基于粗糙集的降维，或采用抽样或立方体聚集进行数据归约。数据压缩也是归约的一种方式。

在本章的实践项目中，将 AdventureWorks 数据集中的数据按照销售区域进行划分，对某些属性进行条件拆分转换，完成数据变换。

（4）数据加载（Data Loading）。数据通常在预备区域完成上述处理工作，然后装载到数据仓库中。我们需要区分第一次将数据加载到数据仓库中的方法和后续更新数据仓库的方法，首次数据加载可采用批加载方式，而后续的加载采用增量加载策略更好。批加载数据即是将各个数据源的数据一次性批量地加载到数据仓库中。如果不是第一次加载，为了不产生数据冗余，无论数据是否有变化，批加载都用新批次数据覆盖原数据仓库的数据，保证数据的一致与统一。

而增量加载策略则需要考虑如下方法：

① 全表对比方式：提取所有源数据，在更新数据仓库目标表之前先根据主键和字段进行全表数据比对，如果有更新，则进行对应数据的更新或新数据的添加。

② 时间印方式：如果 OLTP 数据源或其他数据源有时间印（如网页的更新日期），可以根据数据源的时间印，比对上一时间印到当前时间印期间的数据更新情况。只提取新变化的数据，预处理后，增量加载到数据仓库中。

③ 定时扫描：确定一个时间周期（例如，每周一次，每月二次），周期性扫描各个数据来源，通过对比前一次数据快照与当前的数据快照，获取增量值，加载到数据仓库中。

④ 日志表方式：一旦数据库或万维网数据发生变化，日志中都有记录。根据检查这些数据源日志的更新，获取增量的更新数据，加载到数据仓库中。

（5）异常处理。在 ETL 的过程中，会面临数据异常的问题，处理办法有：

① 将错误信息单独输出，继续执行 ETL，错误数据修改后再单独加载。或者中断 ETL，修改后重新执行 ETL。原则是最大限度接收数据。

② 对于网络中断等外部原因造成的异常，设定尝试次数或尝试时间，超数或超时后，进行手工干预。

③ 如果出现源数据结构改变、接口改变等异常状况，应进行同步后，再装载数据。

7.3 数据仓库建模

数据仓库建模需要满足两个目标：一是保证正确性条件下的 OLAP 和

数据管理性能；二是用户对数据理解的视角和对数据应用的需求。基于数据仓库的海量数据，完成复杂的分析工作，实现这两个目标，需要解决许多挑战。首先，复杂的分析查询是数据仓库的核心任务，数据仓库记录了海量的历史数据，为了实现分析性能，应极少进行频繁的更新和修改，这样的需求对数据仓库模式范式化需求不高，可以考虑非规范化的模型；其次，为了优化用户对数据和复杂查询结果的理解，应采用可视化的方式进行展示，而要易于展示多维分析结果，需要建立多维模式。

按照 Kimball 的关系数据仓库多维模型体系，有三类建模方式：星模式、雪花模式和星座模式。

（1）星模式。其特征是：一个大的中心事实表（Fact Table），多个面向主题的小维表（Dimension Table），事实表与维表通过主外键相关联，维表之间是独立的、没有联系。所谓大事实表意味着元组（行）数量巨大，而小维表意味着元组（行）数量少。星模式通过将数据中的复杂层次扁平化，构造出瘦长的事实表（属性少，元组多）和短宽的维度表（属性多，元组少），简化了数据管理结构，减少了联结（Join）操作，加速了查询效率。

图 7.2 是一个星模式。其中有四个独立维度表（分析主题维度），有主键和其他属性。事实表使用每个维表的主键作为外键关联该维表，而四个外键联合起来形成一个“复合主键”唯一标识一行事实，用于基于主题的分析任务。星模式是经典数据仓库模型基础，雪花模式和星座模式是它面向不同需求的扩展。

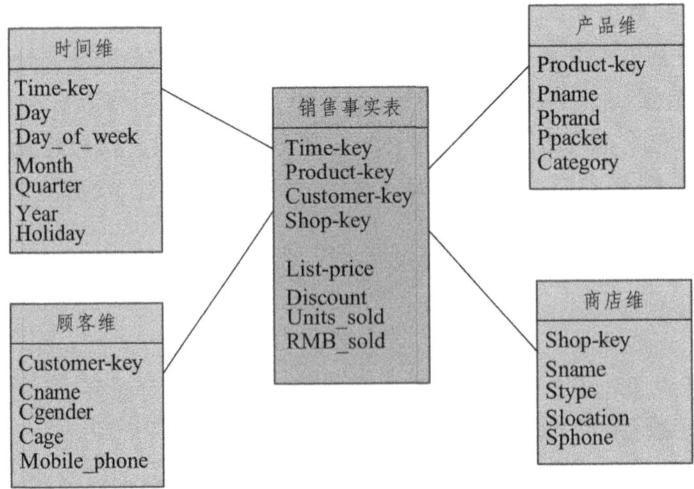

图 7.2 一个基于星模式的商业数据库

（2）雪花模式。将星模式的某些维度表进行范式化，将维属性包含的子属性层次分解，适合完成涉及维属性层次的复杂查询任务，有利于细粒度查询，如图 7.3 所示。雪花模式一定程度上满足范式化的设计，但增加了 Join 的次数，导致获得复杂查询结果的速度下降。

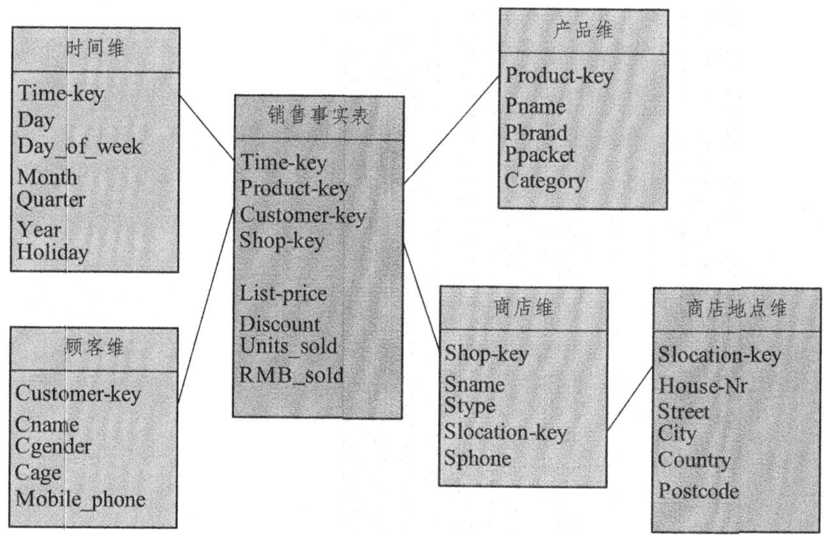

图 7.3　一个基于雪花模式的商业数据库

（3）星座模式。该模式是将星模式扩展为多个事实表，多个事实表可以共享维表，也可以有自己的维表。事实上，星座模式是数据仓库最常用的数据模式，尤其是企业级的数据仓库（EDW），需要分析的主题众多，需要多个事实表联合分析。请参考技术篇的图 5.7 展示的星座模式例子。

7.4　常用 OLAP 分析操作

OLAP 是基于数据仓库的海量数据分析技术，具有 FASMI 特征。其中 F 即快速性（Fast），是指系统对用户多种分析需求能在短时间内给予应答，给出回复；A 即可分析性（Analysis），是用户可以自定义新的分析，不需要编程，系统会以用户所希望的方式给出分析结果；S 即可共享性（Shared），多个用户并发读写数据，提高数据仓库资源利用率，同时要保证系统的一致性、完整性等安全特性；M 是多维性（Multi-dimensional），基于数据仓库的多维模型，对数据进行多视角地分析并给出视图；I 是信息性（Information），用户可以及时获得信息，并且能够对海量信息进行管理。

根据数据仓库的多维模型，OLAP 将定义符合用户直观理解的操作类型，包括下钻（Drill down）、上卷（Roll up）、切片（Slice）、切块（Dice）、旋转（Pivot）、移动平均（Moving average）和移动和（Moving sum）等。

（1）下钻（Drill down）：沿着某个维属性层次从上层降到下一层，即是将数据聚集值拆分为更细节的数据。如通过对 2010 年第二季度的总销售数据进行下钻来查看 2010 年第二季度（4、5、6 月）每个月的销售数据。也可以钻取浙江省来查看杭州市、宁波市、温州市等城市的销售数据。

（2）上卷（Roll up）：下钻的逆操作，即从细粒度数据向高层的聚合。如将江苏省、上海市和浙江省的销售数据进行聚集计算，来查看江浙沪地区的销售情况。

（3）切片（Slice）：对多维度数据中确定某一维的属性值进行降维的细粒度分析。例如图 7.2 的四维数据仓库中，确定产品名为“华为 Mate20”，分析其余三维属性组合的销售情况，为切片分析。

（4）切块（Dice）：不减少维度，而是在某维度的属性取值区间条件下进行分析。例如分析图 7.2 中 2018 年第 1 到第 3 季度的销售情况，这时时间维度的 Quarter 取值为 1 ~ 3 区间，时间维度依然存在。

（5）旋转（Pivot）：将维度表（主题）的位置互换，就像是二维表的行列交换一样，从而可以从不同的视角分析数据。

（6）移动平均、移动求和等平滑去噪的数据分析方法可以参考技术篇的 5.5.2 节的介绍。

（7）分级（Rank）：是根据阈值区间将落在不同阈值区间的数据组划分为等级。三分法（Tertile）或四等分法（Quartile）表示将数据分为三个或四个有序的等级，属于分级操作。

7.5 MDX——OLAP 分析查询语言

7.5.1 MDX 简介

MDX（Multi-Dimensional Expressions，多维表达式）是微软 SSAS（SQL Server Analysis Service）中设计的类 SQL 的 OLAP 分析语言，但其他很多 OLAP 商家产品也支持 MDX，包括 Hyperion Essbass 和 SAS 的 Enterprise BI Server[1]。MDX 支持两种模式：① 表达式语言，定义和操作分析服务器的

对象和数据，用于计算；② 查询语言，基于分析服务器上的数据进行复杂分析[1]。通过 MDX，使得查询分析多维数据更为简便，配以高级图形化的展现工具，能直观灵活地展示业务分析状况。

标准的 MDX 由三个基本成分构成：Member，Tuple，Set。

（1）成员（Member）：是维度上的一个节点，即某个维度或维度的属性。而 Measure 度量值是事实表中的事实，也是一个特殊的维度。成员标识符为[ ]。例如，[Customer]、[Time].[Year].[2018]等。类似地，特殊维度 Measure 表达为[Measures].[Unit_sold]，等。

（2）元组（Tuple）：是不同维度（Members）的集合，包括 Measure 维。Tuple 至少包含一个维度，顺序无关。其标识符为（ ）。例如，（[Shop].[Chengdu]），（[Product].[Computers]，[Time].[Year].[2018]）。每一个维度上最多只能有一个 Member。

（3）集（Set）：同一维度上若干个 Members 的集合，或者是若干个 Tuple 的集合。如果是多个 Tuple 组成的集合，各个 Tuple 里的 Member 之间存在着一定的对应关系。集合的表示方法是{}。例如，{[Time].[day].[1]，[Time].[month].[1]，[Time].[year]. [2019]}，或者{（[齐恬]，[female]），（[步全]，[male]）}。后一个例子是由两个 Tuple 组成，第一个 Tuple 中，第一个 Member 是一个人名，后一个 Tuple 的第一个 Member 也必须是人名，这就是对应关系，以此类推。

一个标准的 MDX 查询语句借助上述三个成分构成，查询结果是关系集合，下面是一个例子：

SELECT SET ON COLUMNS， SET ON ROWS FROM CUBE WHERE TUPLE	SELECT {[MEASURES].[Units_sold]，[MEASURES].[RMB_sold]} ON COLUMNS，{[时间]. [2018].[Q1]，[TIME].[2018].[Q2]} ON ROWS FROM [销售事实] WHERE（[商店].[全面购]，[商品].[华为 Mate20]）

7.5.2　MDX 的语法

MDX 查询和表达式可用于执行以下操作：

（1）从 SSAS 数据仓库向客户端应用程序返回数据。

（2）设置 OLAP 查询结果的格式。

（3）执行多维数据集设计任务，包括定义计算成员、命名集、范围分配和关键绩效指标（KPI）。

（4）执行管理任务，包括维度和单元安全性。

为了更好地理解基于 MDX 的 OLAP 操作，先讨论一下 MDX 的基本语法结构：

```
SELECT [axis specification] ON COLUMNS,[axis specification]ON ROWS
FROM [cube name]
WHERE [slicer specification]
```

其中，[axis specification]可以看成维度成员（轴）选择；[slicer specification]定义切片条件，可视为过滤信息。[slicer specification]可选，如果没有指定，取系统默认的维度成员作为切片。

当设计 MDX 查询时，应用程序一般查看多维数据集并将维度集合划分为两个子集。

（1）轴维度。轴维度只接受集合<set>，如果是手动指定成员集合，必须用{}，如果使用 MDX 集合函数，则不需要用{}，因为集合函数返回值即为集合。一个轴维度上可以包含几个维度。

（2）切片维度。类似于 SQL 中 Where 子句定义的过滤条件，如果没有指定切片定义，采用默认成员进行筛选，而默认成员为最高级别的第一个成员。

7.5.3 MDX 常用函数

表 7.1 是 OLAP 中经常使用的 MDX 函数[2]，可用来理解后续的 MDX 语句示例。更多的 MDX 函数参考资料[3]。

表 7.1 MDX 常用函数

MDX 函数	例子
TopCount	首先按降序对集合排序，从最大值开始返回指定数目的元素
Subset	从某个特定集合中返回元组（Tuple）的子集
Tail	从集合（Set）尾部返回子集
Item	从特定的 Tuple 中返回指定成员（Member），或从集合中返回 Tuple
Union	返回两个集合的并集，可以选择是否保留重复成员（Member）
BottomPercent	对集合按升序排序，并从最小值开始返回 n 个元组（Tuple），该元组值合计不小于指定的百分比
Generate	将集合应用到另一集合的每个成员，然后用 Union 运算合并所得的集合

设有一个数据仓库，管理 A 国各个地区多种产品的销售情况。其事实表为销售 Sales，维度表为产品 Product，顾客 Customer，品牌 Brand，商店 Store。下面是基于该数据仓库的 MDX 查询语句[3]。

（1）查询销售前 10 名的产品类别。

```
Select {[Unit-Sales]} on COLUMNS,
    TopCount ([Product].[Product-Category].Members,10,([Unit-Sales])) on ROWS
From Sales
```

（2）查出销售量最好的前 5 名商店和每个店的前 5 个顾客及其销售记录。

```
Select {[Unit-Sales]} on COLUMNS,
    Generate( TopCount( [Store].[Store-Name].Members, 5, [Unit-Sales] ),
    {[Store].CurrentMember}*TopCount ( [Customers].[Name].Members, 5,
    ( [Unit-Sales], [Store].CurrentMember ))) on ROWS
From Sales
```

（3）按销售量排序，找出销售总量最少的 20%的商品（Non Empty 命令排除了没有销售量的产品）。

```
Select {[Unit-Sales]} on COLUMNS,
    Non Empty BottomPercent ( [Product].[Brand-Name].Members, 20,
    [Unit-Sales] ) on ROWS
From Sales
```

7.6　销售数据仓库建设实践项目

项目应用场景：Adventure Works Cycle 是一家虚构的大型跨国制造公司，生产金属复合材料的自行车。现新增了 5 个销售区域，而这 5 个区域的销售数据并没有汇总到数据仓库中。现将新的销售数据进行清洗净化，更新到数据仓库中加以管理，并进行 OLAP 分析。公司决策者希望分析了解产品在不同地区的销售情况，例如：某一地区的不同商品的销售情况；不同地区同一商品的销售情况，或者查看某一种商品的销售量趋势等。本实践项目将完成数据管理和数据分析任务。

该公司销售数据仓库完整版共有 6 个事实表，共约 25 万条数据，大约 100 MB。本项目只使用了其中的一部分数据［数据的官方下载地址为：https:

//docs.microsoft.com/zh-cn/previous-versions/sql/sql-server-2008-r2/ms124623（v=sql.105）]。

7.6.1 软件安装和环境部署

本实践项目所用的软件是 SQL Server 2017，从 2014 版本开始在 SQL Server 架构中商务智能模块发生了很大变化，许多关于 Microsoft SQL Server Integration Services（SSIS）与 SQL Server Analysis Services（SSAS）过程的教程已经不适用于最新的 SQL Server 版本。本节详细说明 SQL Server 及 Visual Studio 2017（VS2017）环境部署安装。

（1）首先安装 SQL Server 2017，下载 SQL Server Developer 版安装程序(下载地址：https://www.microsoft.com/zh-cn/sql-server/sql-server-downloads)。在 SQL Server 安装中心下载安装三个模块，如图 7.4 所示。第一个模块为 SQL Server 2017 软件部分；第二个模块 SQL Server Management Studio（SSMS）是 SQL Server 的可视化管理工具。前两个模块的安装只需要按照提示步骤安装即可；第三个模块是 SSIS 与 SSAS 的可视化设计平台，安装时需要部署 VS 环境。这里需要注意的是：不同的 SQL Server 版本应该部署不同的 VS 版本，建议 VS 版本与 SQL Server 版本相同。

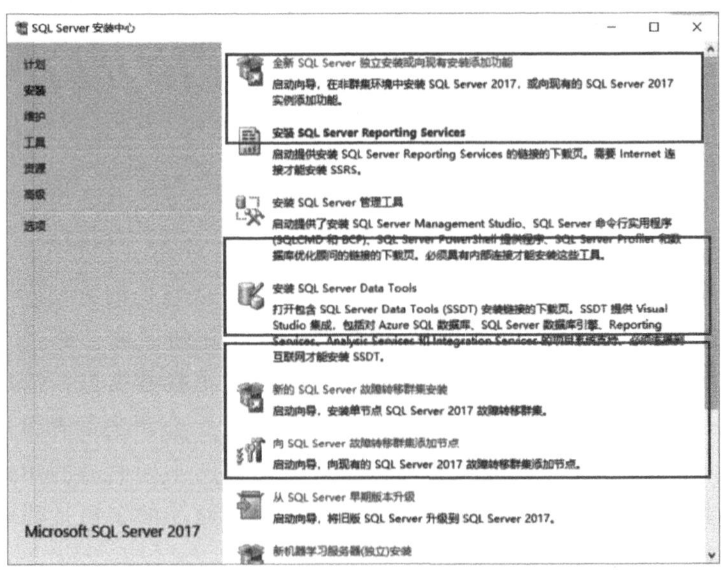

图 7.4　SQL Server 安装中心

（2）安装 SSDT 部署 VS 环境时，通常采用两种方法：一是手动下载相应 VS 版本，安装 SSDT 时只要选择已安装的 VS 实例即可，如图 7.5 所示；二是在安装 SSDT 的过程中在线安装 VS。这时，SSDT 安装程序会自动安装最低版本的 VS。上述两个方法可根据使用者的需求来决定。

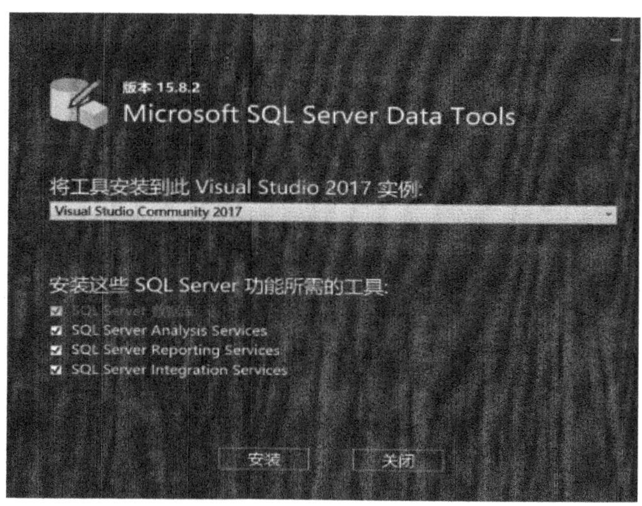

图 7.5　安装 SSDT 工具

（3）自行安装 VS 并部署相应环境的方法：下载 VS2017，并安装 Data storage and processing 模块（安装见图 7.6）。由于在新版本的 VS 中，SSDT 功能模块被整合进 Data storage and processing 模块框架中，只需要下载安装此模块即可（下载地址为：https：//visualstudio.microsoft.com/zh-hans/downloads/）。

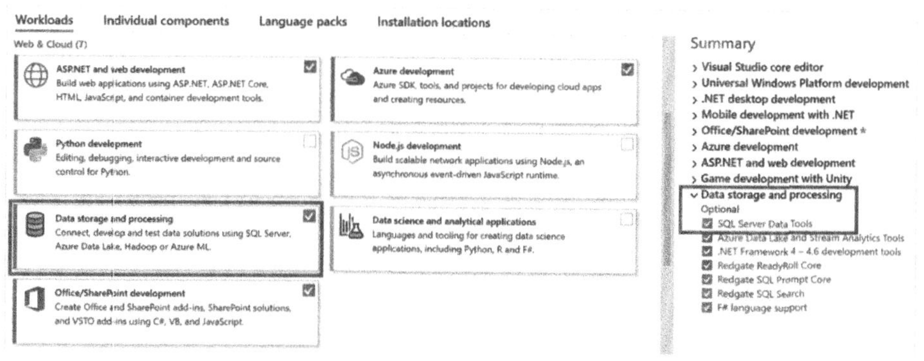

图 7.6　VS 模块安装

（4）完成以上步骤后，在 VS 中建立 SSIS 和 SSAS 项目。若建立成功，则说明环境部署与软件安装完成。

（5）在 SSMS 中导入示例数据集 AdventureWorksDW.bak，并开启 SQL Server 代理服务。

7.6.2 应用 SSIS 进行 ETL

Adventure Works Cycle 公司划分了 5 个销售区域，由于这些区域客户信息的数据完全混合在一起，在 ETL 过程中需要将这些客户进行销售区域划分，此外还要处理无效销售区域数据（不在这 5 个销售区域内的客户的信息）。首先将所有的客户信息放入 customers.txt 文件，然后通过 SSIS 的数据提取、转换和加载功能将 customers.txt 的数据分区域导入数据仓库中，同时对于错误数据用一个特定的文件保存起来，这个文件命名为 CustomersWithInvalidTerrritoryID.txt。

1. 建立 SSIS 项目并建立连接

在 VS2017 中建立一个 SSIS 项目，在项目中添加 SSIS 连接管理器。

（1）右键单击“连接管理器”中的任意区域，选择“新建 OLE DB 连接”。

（2）在“配置 OLE DB 连接管理器”对话框中单击“新建”，弹出“连接管理器”对话框。

（3）在“连接管理器”的“服务器名”下拉列表中选择相应服务器（即使用的计算机名，如安装了 SQL Server 的本机）。选择适当的身份验证方式（与自行安装数据库时的账户配置有关），若身份与服务器名通过验证，则可在“选择或输入一个数据库名”的下拉列表中找到之前导入到 SQL Server 的“AdventureWorksDW”数据库（示例数据库）。

（4）依次点击“确定”按钮，建立了能够操作“AdventureWorksDW”的数据库连接。

2. 设计控制流

（1）从工具箱中拖动 Foreach 容器到控制流编辑器中，然后编辑该容器，在“枚举器”配置框中把文件夹选项定位到包含 SQL 文件的文件夹，“文件”的后缀名为.SQL，如图 7.7 所示。

（2）切换到“变量映射”页，在变量下拉列表框中选择：<新建变量…> 命令，在弹出窗口中进行设置。这一步创建了一个包级别的用户变量：vfileName。后面将用这个变量来存储文件名以供循环遍历访问 SQL 文件使用。

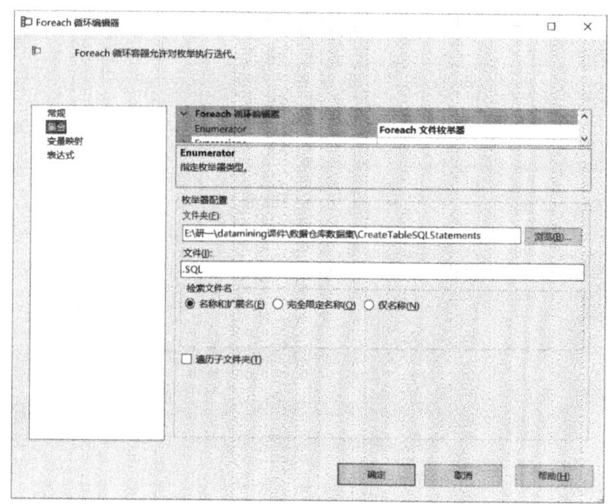

图 7.7　Foreach 容器参数设置

（3）创建一个 SQL 文件连接。此连接作用于后面将要创建的“执行 SQL 任务”。在连接管理器中新建一个文件连接，命名为 CreateTableSQL，在“使用类型”中选择“现有文件”，文件名指向“数据仓库数据集”文件夹里任意一个 SQL 文件。在执行 SQL 任务的时候，vfileName 参数将会传递给这个文件连接，以实现自动地遍历获取文件。

（4）右键单击 CreateTableSQL 的“属性”，在“属性”框中选择“Expression”及“…”，打开“属性表达式编辑器”。

（5）在“属性表达式”框中选择“属性”，选取“ConnectionString”，然后点击“表达式”空白列旁的“…”。在弹出的“表达式生成器”中拖动 vfileName 变量到下方的“表达式”空白框中。

注意：如果后续工作中因找不到 SQL 文件而不能运行，将“表达式”框中的表达式{@[User：: vfileName]}改为文件所在文件夹的全路径加 vfileName 变量的形式，如{"D：\\SQL\\CreateTableSQLStatements\\"+@[User：: vfileName]}。

（6）按照需求在 Foreach 循环中加入一个“创建 SQL”组件。将“工具箱”窗格中的“执行 SQL 任务”组件拖动到“Foreach”大框内，命名为“创建表”，然后按照图 7.8 进行设置。Connection 选择“AdventureWorksDW”数据库连接，FileConnection 选择“CreateTableSQL”文件连接。

（7）将“工具箱”窗格中的“数据流任务”组件拖动到控制流设计器中，命名为“数据清洗和加载”，将“优先约束”从 Foreach 循环指向这个数据流组件（右键点击“Foreach 循环”运行 SQL 语句，选择“添加优先约束”）。

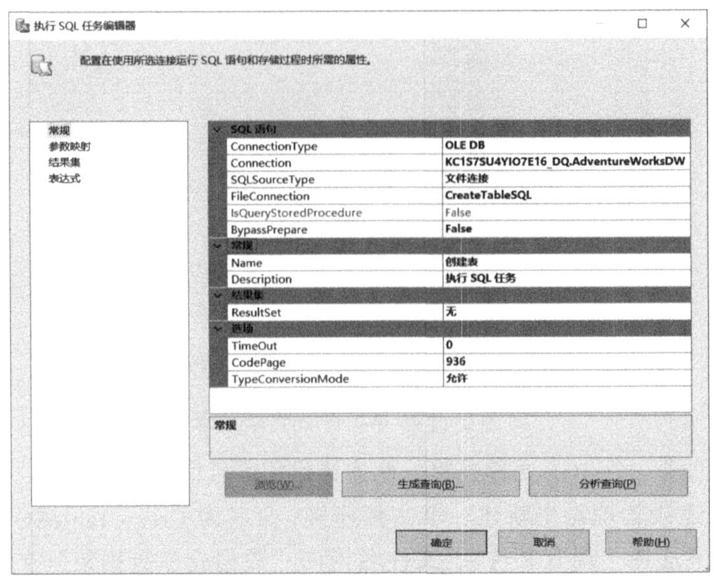

图 7.8　创建表常规参数设置

到此，项目控制流设计完成（见图 7.9），接下来设计相应的数据流处理。

图 7.9　设计好的项目控制流

3. 设计数据连接

（1）在连接管理器中创建一个“平面文件连接”，文件名定位为

customers.txt。需要注意的是，由于 customers.txt 文件的第一行是字段名，所以需要在编辑器中选中“在第一数据行中显示列名称”单选项。

切换到“高级”页面配置各列的属性，这里需要设置各列的名称和长度等属性，预先需要修改的参数见表 7.2。

（2）编码选择 1252 号代码页（字符集编码，也称“内码表”）。

表 7.2　数据连接属性设置

字段	Data Type	OutputColumnWidth	ColumnDelimiter
Territory	四字符不带符号的整数	0	{CR}{LF}
PostalCode	字符串	10	制表符{t}

（3）为管理无效的用户数据，可复制 Customer.txt，命名为 CustomersWithInvalidTerrritoryID.txt。创建一个“平面文件连接”，命名为 CustomersWithInvalidTerrritoryID。在“新建”的常规项中选择与步骤（1）、（2）相同的选项。

（4）创建完毕后，连接管理器中 4 个连接，如图 7.10 所示。

连接管理器

CreateTableSQL　Customers　CustomersWithInvalidTerrritoryID

(项目) KC1S7SU4YI07E16_DQ.AdventureWorksDW

图 7.10　全部连接

4. ETL 处理流程

双击控制流中的“数据清洗和加载”组件，在数据流编辑器中进行如下步骤设计：

（1）把“平面文件源”组件拖到数据流编辑器，改名为“数据提取”，并对“平面文件源”组件的连接对象进行编辑：在“平面文件连接管理器”中选择“customers”，点击“确定”。在“工具箱”中选择“有条件拆分”组件，拖动到数据流编辑器中，命名为“按照 TerrritoryID 拆分数据”，并将数据流从上一步创建的“数据提取”指向这个组件。

（2）双击“有条件拆分”组件，在“有条件拆分转换编辑器”中，展开左上角的列对象，把 Terrritory 字段拖动到网格中的“条件”列，同时编辑“条件”列表达式为“Terrritory==1”，将输出名称改为“区域 1”（项目的 5 个销售区域的第一个区域），其他条件列可进行相应的设置。

注意，在第 3 步“设计数据连接”时一定要按表格要求修改参数，不然会导致这一步修改条件表达式不能识别。

（3）从“工具箱”中拖动 4 个“OLE DB 目标”到数据流编辑器中，作为条件拆分后数据的归宿目标。这里以一个 OLE DB 目标的设置为例来说明。当数据流从条件拆分组件连接到数据目标时，会弹出“选择输入输出”对话框。选择需要的输出，单击“确定”，数据流就创建完成，每个拆分条件对应一个 OLE DB 目标。某些还需要进行数据清理的 OLE DB 目标不在此列，例如，区域 2 中的数据需要清理邮编，故条件拆分不考虑区域 2 的 OLE DB 目标。

（4）双击编辑某一 OLE DB 目标，使其指向用 SQL 语句创建的目标表，点击“新建”，将“创建表”框中的 SQL 语句修改为“CREATE TABLE 区域 x”，点击“确定”，创建完成。其他三个 OLE DB 参照图 7.11 修改。点击“映射”→“确定”。这样每个区域的数据就对应各自的区域表。

图 7.11 有条件拆分转换的编辑结果

（5）设置无效区域目标文件。拖动“平面文件目标”组件到数据流任务设计界面中，连接“拆分”组件与“平面文件目标”组件，在弹出的“选择输入输出”框中将输出选为“条件性拆分默认输出”。编辑该目标，使文件目标组件指向 CustomersWithInvalidTerrritoryID 平面文件连接，并勾选“覆盖文件中的内容”。

为区域 2 的数据确定目标宿主。参考步骤（3）完成目标宿主的确定。

（6）销售区域 2 还存在错误数据，正确的邮编数据是 5 位，而有些数据由于省略了首位的 0 变成了 4 位数字，因此需要先对邮编数据进行清洗才能导入表中。针对这样的需求，在表达式中输入代码“LEN(PostalCode) ==4? "0" +PostalCode: PostalCode”，含义是，如果 PostalCode 字段的长度是 4，则在前面加 0，否则不变。

（7）与上面设置 OLE DB 目标的操作相同，为区域 2 设置目标与数据库表，连接“派生列”组件。

（8）完成上述设置后，调试整个数据流，未提示错误则数据流图运行成功，运行成功后的数据流如图 7.12 所示。

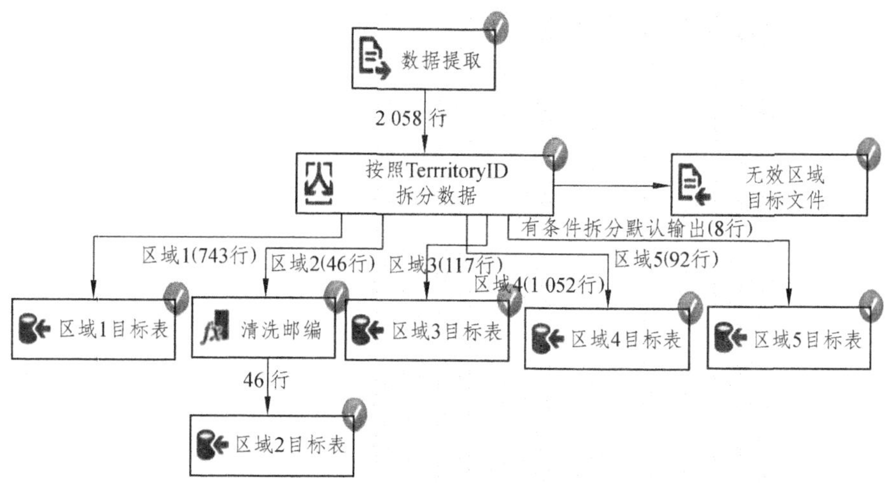

图 7.12　运行成功的数据流

5. 包的配置及部署

SQL Server 2014 后的 SSIS 模块有一些改变，如包部署，新版的 SSIS 包部署应遵循以下流程：

（1）右键点击“项目”→“包配置”。选择数据源，在选择目标时会发现找不到可用的 Intelligent Service 目录，说明在部署包之前应创建 IS 目录。

（2）右键点击“IS 目录”，然后点击“创建目录”，按照流程创建目录。

（3）创建好目录后返回包的配置步骤，按照流程部署包，直到显示包部署成功即可（见图 7.13）。

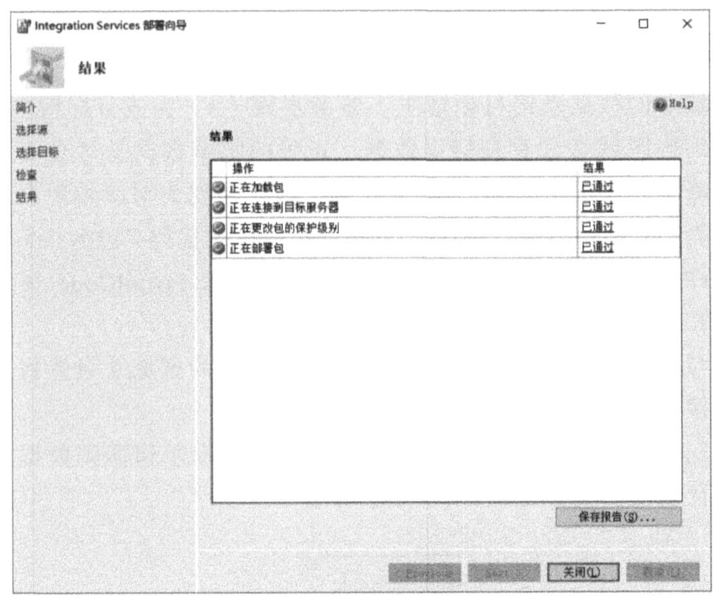

图 7.13　包部署成功

到此，整个 ETL 操作全部完成。切换到 SQL Server Management Studio，打开 AdventureWorksDW 数据仓库，可以看到原来 customers.txt 中的数据已经分割到区域 1（Terrritory）到区域 5 五个表中，而无效的数据则被导入 CustomersWithInvalidTerrritoryID.txt 文本文件中。

7.6.3　数据仓库数据模型构建

示例数据仓库为 AdventureWorksDW，是一个庞大的自行车销售数据仓库。为了更好地表达海量数据管理和 OLAP 分析成果，本实践项目选择了客户、订货时间、销售产品三个维度和销售事实进行管理和分析。本章的 7.3 节已经回顾了数据仓库的建模技术和几个常用的多维数据模式。本实践项目采用雪花模式，如图 7.14 所示。共有四个维表，其中地区维表是客户维度的子维表。很多属性由于示意图尺寸限制没有展示。接下来，通过 SQL Server 提供的 SSAS 数据仓库 OLAP 分析工具进行自下而上的数据仓库构建，生成 Cube，并完成对数据仓库的一系列经典 OLAP 分析过程。

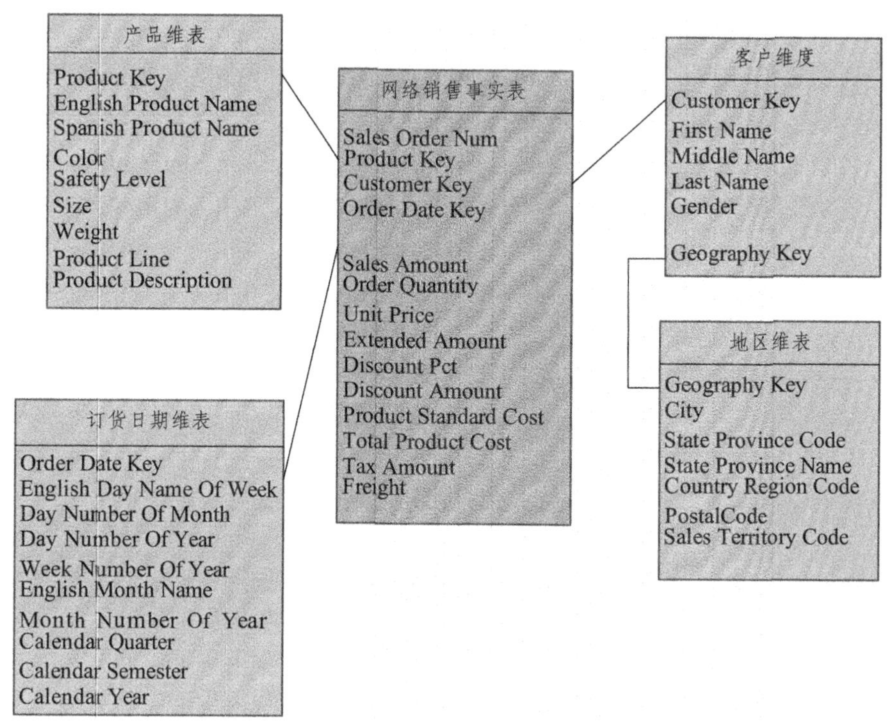

图 7.14　AdventureWorksDW 数据仓库的雪花模式

7.6.4　建立数据仓库，创建 OLAP 数据立方体

1. 定义数据源和数据源视图

（1）在 VS 中创建一个 SSAS 项目，命名为“AdventureWorksSSAS”。在解决方案资源管理器中，右键单击“数据源”项目，选择“新建数据源”，向导框中会自动出现项目前期已经使用过的数据连接，直接单击“下一步”。

注意事项：向导中“模拟信息”一栏要使用“继承”。最后依次点击“下一步”完成。

（2）定义数据源视图。在项目资源管理器中，右键单击“数据源视图”，选择“新建数据源视图”，在数据源视图向导中选择 SSIS 项目中创建的“Adventure Works DW”作为数据源。在“选择表和视图”页的“可用对象”列表中同时选择 DimCustomer，DimGeography，DimProduct，DimTime，FactInternetSales5 个表，单击“>”，将选中的表添加到“包含的对象”列表中。

（3）单击“下一步”，再单击“完成”。这时将会生成“Adventure Works

DW”数据源视图。在 SSAS 项目视图中可以看到，系统自动将 5 个表相关联。为了更好地理解各个维度，属性和度量值组，我们将使用 FriendlyName 属性来提高数据源中元数据的用户友好性。

在数据源视图设计器的“关系图”窗格中，右键单击 FactInternetSales 表，选择“属性”。在“属性”对话框中，将 FriendlyName 对象属性更改为“网络销售”，如图 7.15 所示。将 DimCustomer 表的 FriendlyName 属性改为“客户”，将 DimGeography 表改为“地区”，将 DimProduct 改为“产品”，将 DimTime 表改为“时间”。这里没有更改表的 Name 属性，所以它们与元数据之间的联系依然存在。

图 7.15 定义 FriendlyName

2. 生成 Cube

（1）在解决方案管理器的“多维数据集”上单击右键，选择“新建多维数据集”，出现多维数据集向导。选择“使用现有表”，点击“下一步”。

（2）在“数据源视图”下拉框中，要确认选中的是“Adventure Works DW”数据源视图。在“选择度量值组表”页上，选择“网络销售”表，然后进入下一步。

（3）在“选择度量值”页中显示了事实数据表各个数据列。

图 7.16 中显示了整个数据仓库中的度量值，在本例中，由于促销关键字、货币关键字、销售区域关键字和修订号等对应的属性不在本项目考虑范围，没有在图 7.14 所示的雪花模式中考虑，不作为度量值，应将它们排除。然后单击“下一步”。

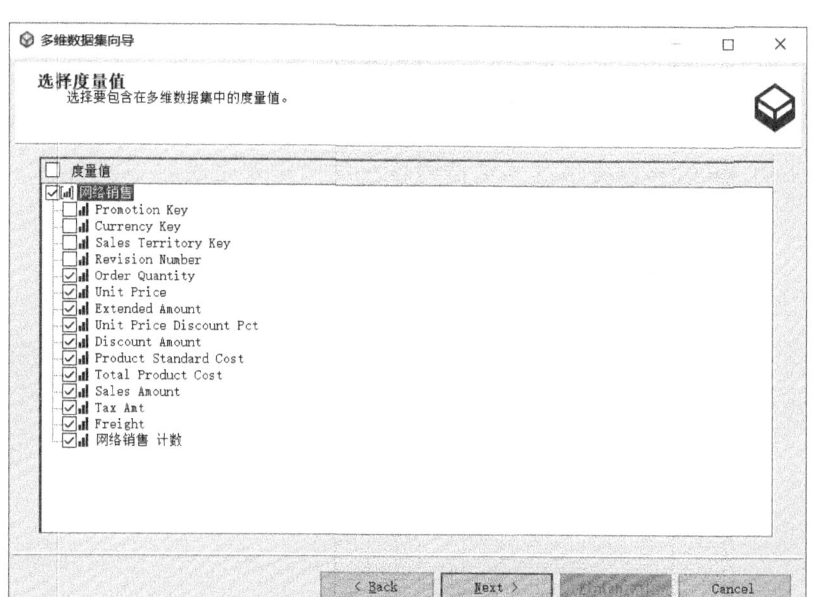

图 7.16　度量值设定

（4）进入“选择现有维度”界面，程序已自动关联了对应表。勾选全部，点击“下一步”，完成选项。到此，多维数据集创建完成。在“维度”文件夹下可以看到对应的维度表。

（5）对各个维度进行设定，便于在“浏览器”中进行 OLAP 分析。以“时间维”作为例子，双击“解决方案资源管理器”中“维度”文件夹下的{时间.dim}，在最右侧的数据源视图中，选取某一维度定义如{English Month Name}，用鼠标左键拖拽到最左侧的属性框中。结果如图 7.17 所示，再保存即可。

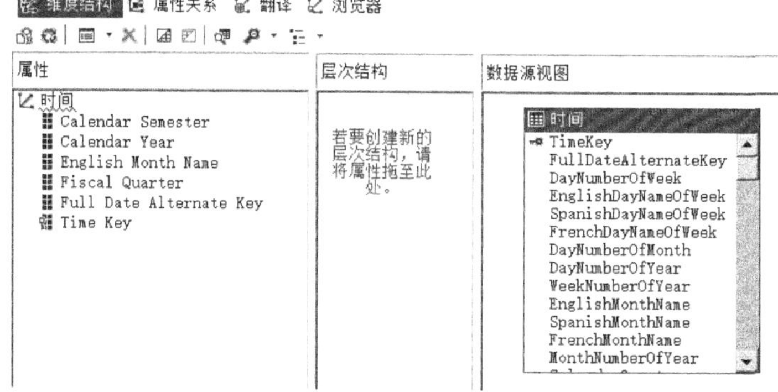

图 7.17　维度设定

（6）部署 Cube。在“解决方案资源管理器”点击右键“项目”→“部署”，若出现如图 7.18 所示的情况，则部署成功，数据仓库的 Cube 建立完成。将界面切换到多维数据集的浏览器中即可查看到 Cube 及相应维度，接下来的 OLAP 过程也将通过浏览器的可视化操作来完成。

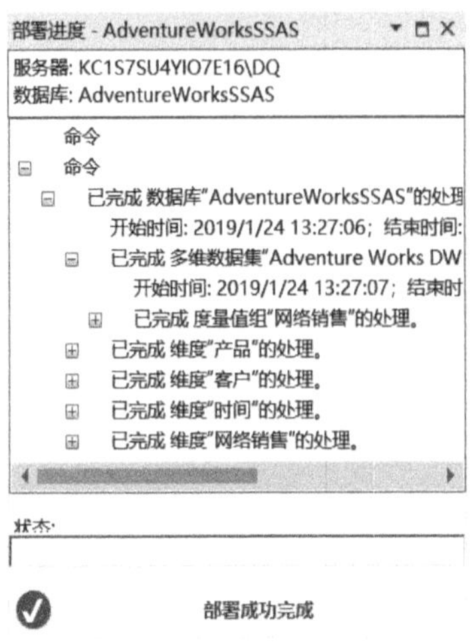

图 7.18 Cube 部署

如果没有出现如图 7.18 所示的情况，则应根据部署中的报错提示，调整相应环节的参数直到部署成功。

至此，使用 SSIS 完成了数据的预处理、数据清洗、加载等工作；使用 SSAS 构建了数据仓库立方体，管理海量数据。所完成的工作被称为“后端”任务。下面将基于这里构建的数据立方体实现“前端”任务——OLAP 分析。

7.6.5 OLAP 数据分析

本节将讨论如何完成 SQL Server 中的 SSAS 项目，进行 OLAP 数据分析。主要展示 OLAP 的 5 个分析操作：切片、切块、钻取、旋转、移动平均与移动和。

注意：新版本的 SSAS 在多维数据浏览器的功能上进行了更新。SQL Server2012 之前的 SSAS 可以显示多维的分析结果（见图 7.19），而 SQL Server2017 仅显示单维数据（见图 7.20）。

解决的办法为：选择 OLAP 操作，然后点击浏览器上方工具栏内的 Excel 分析功能（ Language: Default ），即会打开 ODC 文件跳转到 Excel 连接，从而查看多维数据。

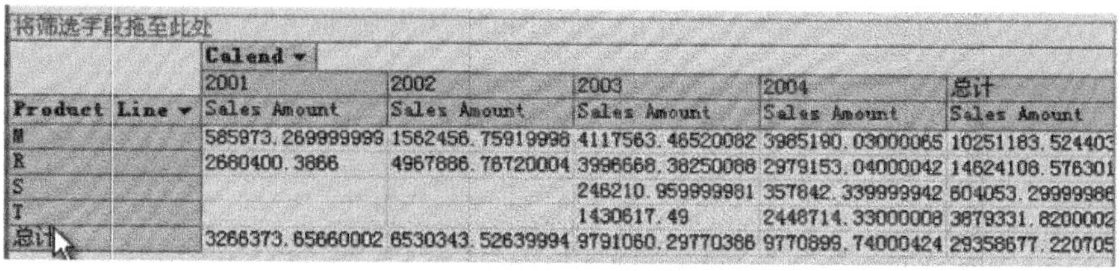

将筛选字段拖至此处

		Calend				
		2001	2002	2003	2004	总计
Product	Line	Sales Amount	Sales Amount	Sales Amount	Sales Amount	Sales Amount
M		585973.269999999	1562456.75919998	4117563.46520082	3985190.03000065	10251183.524403
R		2680400.3866	4967886.76720004	3996668.38250088	2979153.04000042	14624108.576301
S				246210.959999981	357842.339999942	604053.29999986
T				1430617.49	2448714.33000008	3879331.8200002
总计		3266373.65660002	6530343.52639994	9791060.29770386	9770899.74000424	29358677.220705

图 7.19　旧版 SSAS 的多维数据显示界面

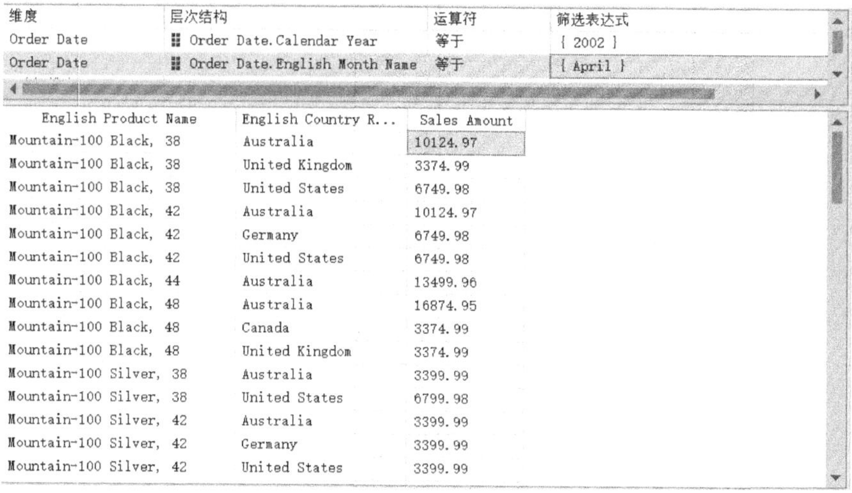

维度	层次结构	运算符	筛选表达式
Order Date	Order Date.Calendar Year	等于	{ 2002 }
Order Date	Order Date.English Month Name	等于	{ April }

English Product Name	English Country R...	Sales Amount
Mountain-100 Black, 38	Australia	10124.97
Mountain-100 Black, 38	United Kingdom	3374.99
Mountain-100 Black, 38	United States	6749.98
Mountain-100 Black, 42	Australia	10124.97
Mountain-100 Black, 42	Germany	6749.98
Mountain-100 Black, 42	United States	6749.98
Mountain-100 Black, 44	Australia	13499.96
Mountain-100 Black, 48	Australia	16874.95
Mountain-100 Black, 48	Canada	3374.99
Mountain-100 Black, 48	United Kingdom	3374.99
Mountain-100 Silver, 38	Australia	3399.99
Mountain-100 Silver, 38	United States	6799.98
Mountain-100 Silver, 42	Australia	3399.99
Mountain-100 Silver, 42	Germany	3399.99
Mountain-100 Silver, 42	United States	3399.99

图 7.20　新版 SSAS 的单维数据显示界面

1. 切　片

从 AdventureWorks 数据立方体的时间维上，选取一个属性成员（如 2002 年 1 月），分析产品销售立方体在客户维与产品维两维上的一个切片。

（1）在左侧的“度量值组”窗格中，依次展开“Measures”“网络销售”，然后将销售额“Sales Amout”度量值拖到“数据”窗格的“将级别或度量值拖至此处，以添加到该查询中”区域中。

（2）在“度量值组”窗格中，展开“客户”，则“客户”维度中的所有属性层次结构均显示在“度量值组”窗格中。将“英语国家/地区区域名 English Country Region Name”属性层次结构拖到“数据”窗格区域。

（3）在“度量值组”窗格，依次折叠“客户”和“度量值”，展开“产品”，用鼠标右键单击“产品系列（Product Line）”，将字段拖至区域中。

（4）在“度量值组”窗格中折叠“产品”，展开“订单日期 Order Date”，然后将“订单日期.年”及“订单日期.月”拖到“维度”窗格的“选择维度”区域。

（5）单击“订单日期.年”及“订单日期.月”旁的向下箭头，不勾选“全部”旁边的复选框，分别选择 2002 和 1 旁边的复选框，即可得到 2002 年 1 月的网络销售情况。

（6）点击查询后，点击上方 Excel 分析按钮跳转到 Excel 中即可看到多维结果。其中本数据仓库中共有四类产品（Product Line），代号分别为 M，R，S，T。图 7.21 显示了切片后 M，R 两个产品系列在不同的客户所在国的销售情况。

Due Date.Calendar Year	Due Date.English Month Name		
2002	January		
	Product Line		
	M	R	总计
English Country Region Name	Sales Amount	Sales Amount	Sales Amount
Australia	57524.83	159458.3956	216983.2256
Canada	3374.99	47216.6082	50591.5982
France	3399.99	30024.3564	33424.3464
Germany	6774.98	16410.3746	23185.3546
United Kingdom	13549.96	62228.7864	75778.7464
United States	33849.9	214530.642	248380.542
总计	118474.65	529869.1632	648343.8132

图 7.21　切片分析结果

2. 切　块

将时间维的取值设定为区间或几组值（如 2001 年第一、第三、第四季度），而非单一的属性成员，即为数据切块分析。它也可以看成由 2001 年第一、第三、第四季度三个切片叠合而成。因此，切块的 SSAS 操作可参照上面切片的步骤，选择时间范围操作如图 7.22（a）所示，查询形成如图 7.22（b）所示的报表，它可以看作多个切片的叠加。

维度	层次结构	运算符	筛选表达式	参数
Order Date	Order Date....	等于	{ 2001 }	☐ ☐
Order Date	Order Date....	等于	{ 1, 3, 4 }	☐ ☐

（a）切块时间筛选

Due Date.Calendar Year	Due Date.Calendar Quarter		
2001	不包括: 2		
	Product Line		
	M	R	总计
English Country Region Name	Sales Amount	Sales Amount	Sales Amount
Australia	284474.16	940671.115000003	1225145.275
Canada	20274.94	108663.5174	128938.4574
France	30449.91	138687.8738	169137.7838
Germany	37249.89	178048.8438	215298.7338
United Kingdom	54274.84	218725.2312	273000.0712
United States	118649.65	856807.150600003	975456.800600003
总计	545373.39	2441603.73180001	2986977.12180001

（b）切块分析结果

图 7.22　切块

3. 钻　取

包括上卷和下钻两种操作。从高层数据到明细级数据的展开式分析为下钻；从明细级数据归纳为高层数据视图称为上卷。下面以下钻为例。

（1）在 SSAS 左侧的“度量值组”窗格中，依次展开“度量值”“网络销售”，然后将“销售额”度量值拖到“数据”窗格的“将级别或度量值拖至此处，以添加到该查询中”区域中。

（2）在“度量值组”窗格中折叠“产品”，展开“订单日期”。因为要体现下钻操作的特点，则需要一系列逐渐细化的属性：故将“订单日期.年”“订单日期.半年”“订单日期.季度”“订单日期.英文月”和“订单日期.日”依次拖到“数据”窗格的“将级别或度量值拖至此处，以添加到该查询中”区域。

（3）在“度量值组”窗格中，展开“客户”，“客户”维度中的所有属性层次结构均显示在“度量值组”窗格中，将“英语国家 地区区域名”属性层次结构拖到“将级别或度量值拖至此处，以添加到该查询中”，如图 7.23 所示。

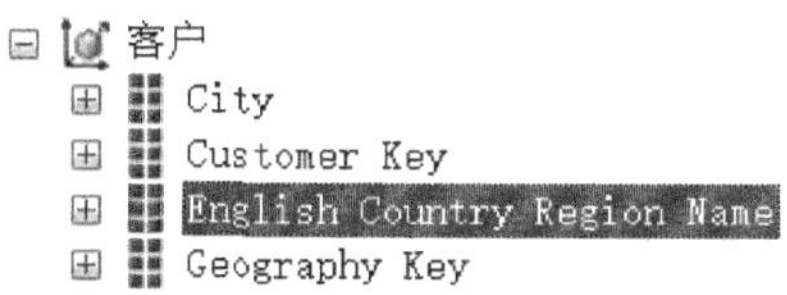

图 7.23　客户-英文国家、地区名属性

（4）点击查询后，点击上方 Excel 分析按钮，跳转到 Excel 中即可看到多维结果，如图 7.24 所示。

将筛选字段拖至此处

					English Country Region Name		
					Australia	Canada	France
Calend	C	Ca	Englis	FullDateAlternateKey	Sales Amount	Sales Amount	Sales
2001					1309047.1978	146829.8074	18057.
2002	1				1259854.188	426271.1828	23367.
	2	3			396980.9974	136888.7976	13235
		4	December		205953.114	23858.0856	77967.
			November		103439.4331	9231.0314	26180.
			October	2002-10-01 00:00:00	4903.5078	782.99	
				2002-10-02 00:00:00	10377.9553		
				2002-10-03 00:00:00	11298.9232		
				2002-10-04 00:00:00			3182
				2002-10-05 00:00:00	2181.5625		
				2002-10-06 00:00:00	6014.0882		2071.
				2002-10-07 00:00:00	9822.6721		
				2002-10-08 00:00:00	6434.5446	2181.5625	
				2002-10-09 00:00:00			4514.
				2002-10-10 00:00:00	4230.8607		
				2002-10-11 00:00:00	8616.1071	2071.4196	2443.
				2002-10-12 00:00:00	9155.445		2181.5
				2002-10-13 00:00:00	15985.2863		
				2002-10-14 00:00:00	9401.4696		
				2002-10-15 00:00:00	5383.5825		
				2002-10-16 00:00:00	2181.5625		2071.
				2002-10-17 00:00:00			2443.
				2002-10-18 00:00:00	6169.616		
				2002-10-19 00:00:00	13409.472	2071.4196	2049.

图 7.24　下钻结果

下钻和上卷互为逆操作，这里不再详细展示。

4. 旋　转

通过旋转可以得到不同视角的数据。图 7.25 和图 7.26 是对“产品系列”和“销售年份”两个维度进行旋转的分析结果。

	Calend				
	2001	2002	2003	2004	总计
Product Line	Sales Amount	Sales Amount	Sales Amount	Sales Amount	Sales Amount
M	585973.269999999	1562456.75919998	4117563.46520082	3985190.03000065	10251183.524403
R	2680400.3866	4967886.76720004	3996668.38250088	2979153.04000042	14624108.576301
S			246210.959999981	357842.339999942	604053.29999986
T			1430617.49	2448714.33000008	3879331.8200002
总计	3266373.65660002	6530343.52639994	9791060.29770386	9770899.74000424	29358677.220705

图 7.25　旋转前的报表

	Product Line				
	M	R	S	T	总计
Calend	Sales Amount	Sales Amount	Sales Amount	Sales Amount	Sales Amount
2001	585973.269999999	2680400.3866			3266373.65660002
2002	1562456.75919998	4967886.76720004			6530343.52639994
2003	4117563.46520082	3996668.38250088	246210.9599[illegible]981	1430617.49	9791060.29770386
2004	3985190.03000065	2979153.04000042	357842.339999942	2448714.33000008	9770899.74000424
总计	10251183.5244034	14624108.5763014	604053.299999867	3879331.82000021	29358677.220705

图 7.26　旋转后的报表

5. 移动和与移动平均值的计算

除了以上 4 种经典 OLAP 操作以外，借助 MDX 查询语句我们可以进行更加复杂的 OLAP 操作，如移动和或移动平均值分析。移动平均值分析是将指定值范围的时间属性构成窗口，通过窗口移动对窗口中的事实度量值计算平均值，窗口一直移动到需要计算的数据底部，以此平滑去噪，降低时间变化的影响，达到准确分析的目的。移动和的计算类似于移动平均。

要完成上述工作，先编写 MDX 查询语句脚本。打开 Cube 设计中的计算模块，新建一个查询脚本，计算移动和的 MDX 代码如下：

```
CALCULATE;
CREATE MEMBER CURRENTCUBE.[Measures].[移动和]
AS sum (
    [Order Date].[English Month Name].CurrentMember.Lag (2):
    [Order Date].[English Month Name].CurrentMember, [Measures].
    [Sales Amount] ),
FORMAT_STRING = “Currency”,
NON_EMPTY_BEHAVIOR = {[Sales Amount]}, VISIBLE = 1
```

除了编写 MDX 语句以外，新版的 SSAS 中提供了如图 7.27 所示的函数及模板，其涵盖领域涉及了统计、财务、时序分析等各个方面，提供了常用的 OLAP 函数与 MDX 语句模板，其中就包括移动平均等函数，这在日常的 OLAP 分析中能够大大提高工作效率。

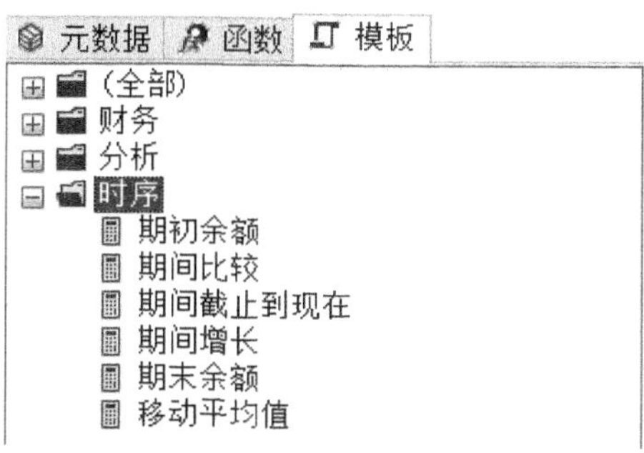

图 7.27　SSAS 提供的各类计算函数

回到移动和的分析中，移动和实现时还存在问题，即月份不是按照时间顺序排列，导致移动和无法按照月顺序计算，从而失去了实际意义。下一步要解决月份按照真实的顺序排列的问题。

解决方法是，在时间维度表中，新建“Month Number Of Year”属性关系，然后修改“English Month Name”的“OrderBy”和“OrderByAttribute”属性值，参数修改如图 7.28 所示。当“English Month Name”与“Month Number Of Year”属性间建立了连接，月份会按照年历的顺序排序，从而解决了移动和的问题。

图 7.28　属性配置

另一种解决方法是改写 MDX 语句，需要使用 Month Number Of Year 属性关联 English Month Name 属性进行排序操作，语句代码如下：

```
With Member [Measures].[移动和 2]
                    ——利用移动和计算成员创建[移动和 2]计算成员
As
Case                                        ——使前两个月的移动和为 0
    When [Measures].[移动和]<5000000 Then 0
    Else [Measures].[移动和]
End

SELECT                                      ——查询语句
{[Measures].[Sales Amount], [Measures].[移动和 2]} ON 0,
Order (                                     ——对月份字符串进行排序
     {[Order Date].[English Month Name].[English Month Name]},
     StrToValue ( [Order Date].[Month Number Of Year].
     CurrentMember.name ),
     BASC
) ON 1
From [Adventure Works DW];
```

接下来，重新部署 SSAS 项目，将浏览器中的移动和拖入查询区域，同时拖入月份，且完成移动和的查询操作，展示截图如图 7.29 所示。

English Month Name	Sales Amount	移动和2
January	2375856.67860017	0
February	2502386.85960023	0
March	2610615.1745003	7488858.7127007
April	2778842.08220036	7891844.11630089
May	3114646.2723005	8504103.52900115
June	3180923.98770054	9074412.3422014
July	1911262.788	8206833.04800104
August	1899606.672	6991793.44770054
September	1834668.15239999	5645537.61239998
October	2009169.2873	5743444.11169998
November	2076069.60449999	5919907.04419998
December	3064629.66160051	7149868.5534005

图 7.29 移动和结果展示

MDX 语句与浏览器界面是同步执行的，在可视化界面查询时 VS 自动生成相应的 MDX 语句，点击工具栏内的图标即可进入 MDX 语句界面。

7.7 基于 B/S 的初级数据仓库实践项目开发

7.7.1 SSAS 的数据管理模式选择

SQL Server Analysis Services（SSAS）提供了多种通过编程实现数据仓库和 OLAP 的方案，但大多数开发人员选择托管的 API 或编写脚本来进行开发[4]。本项目展示基于数据仓库使用 SSAS MDX 编写 OLAP 分析程序，在 Web 浏览器上进行结果可视化的初步开发过程。

为了高效管理和快速分析大数据，SSAS 采用了 3 种技术来管理数据仓库中的元数据、事实表中的源数据和聚合值[5]。

（1）存储模式选择。通过分区定义存储方式。

（2）综合的算法支持有效的聚集值计算，在不牺牲速度的情况下优化存储空间。

（3）不为 Cube 中的空单元分配存储空间。

SSAS 分区的存储模式产生多种影响，如影响查询和处理的性能、存储需求、分区的存储位置及其父级事实度量值组等。一个分区可以使用 MOLAP，ROLAP 和 HOLAP 3 种数据管理模型之一[6]，MOLAP 是默认的存储方式，除了数据仓库管理全部源数据外，当要处理一个分区的数据时，分析服务器再创建一个多维数据立方体（Cube）保存分区聚合值和源数据副本。由于该 MOLAP 结构高度优化，从而显著提升了查询性能。由于多维存储结构中的源数据副本保证了查询的直接和快速，从而不必访问分区上的数据仓库源数据。使用预计算的聚集值也大大降低了查询响应时间。但数据仓库内数据的改变不会立刻同步到 Cube 上，所以 MOLAP 模式下数据更新比较缓慢。MOLAP 的数据更新模式可以是全更新或增量更新[6]。

本项目采用默认的 MOLAP 模式进行开发。

7.7.2 Powershell 运行环境

SSAS 2014 及以上版本已包括 PowerShell（SQLAS）命令，这里可以使用 Windows PowerSchell 导航、管理和查询 Analysis Services 对象。SQLAS 由以下组件构成：

（1）SQLAS 提供者，用于对分析管理对象（AMO）层进行导航；

（2）Invoke-ASCmd cmdlet，用于执行 MDX、DMX 或 XMLA 脚本；

（3）任务专属的 cmdlet，用于日常操作（如处理、角色管理、分区管理、备份、还原）。

如果在 PowerShell 中输入 Invoke-ASCmd 命令并运行，输出类似“无法识别命令”的出错信息，说明 PowerShell 不包含此命令，需要安装 SQL Server 模块。

7.7.3 通过 PowerShell 运行 MDX 查询

以下步骤演示了如何通过 PowerShell 运行 MDX 查询的简单过程[7]。

（1）在编写 MDX 查询脚本之前，用 SSMS（SQL Server Management Studio，参见图 7.4 的第二个模块 SQL Server 管理工具）连接分析服务（Analysis Service），并浏览前文中部署在 SSAS 上的 Adventure Works 立方体，如图 7.30 和图 7.31 所示。

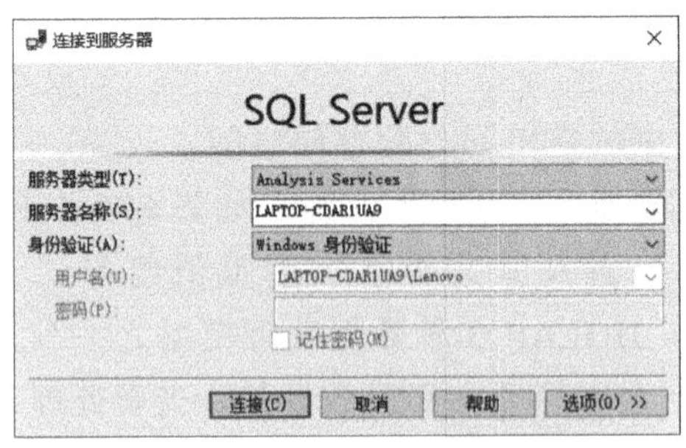

图 7.30 使用 SSMS 连接分析服务

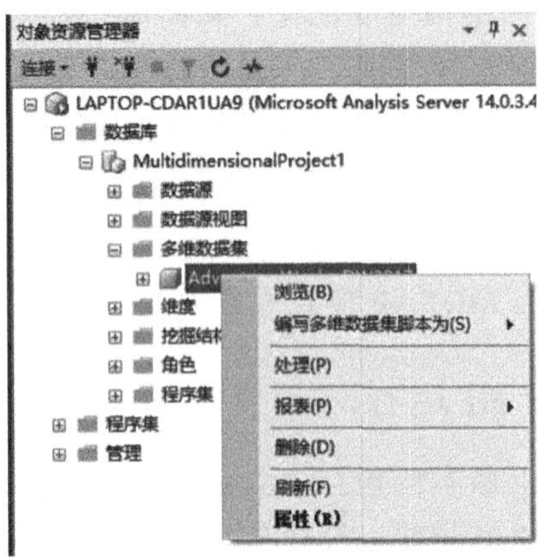

图 7.31 在 SSMS 中浏览部署的数据仓库

（2）拖拽度量值与维度到查询面板中，如图 7.32 所示。

Calendar Year	English Month Name	Sales Amount	Freight
2011	January	323743.2056	8093....
2011	February	437372.4476	10934...
2011	March	514918.228...	12872...
2011	April	523950.025...	13098...
2011	May	539469.000...	13486...
2011	June	647524.214...	16188...
2011	July	648343.813...	16208...
2011	August	599874.273...	14996...
2011	September	609121.865...	15228...
2011	October	655170.329...	16379...
2011	November	716748.717...	17918...
2011	December	636253.264...	15906...
2012	January	588269.858...	14706...
2012	February	479221.0528	11980...
2012	March	442250.5739	11056...
2012	April	373564.9542	9339....

图 7.32　拖拽维度到表格

（3）点击“设计模式”图标可以看到（1）中所需的 MDX 脚本，如图 7.33 所示。

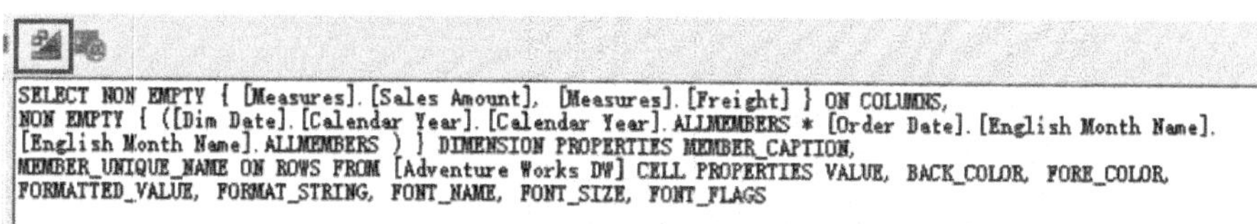

```
SELECT NON EMPTY { [Measures].[Sales Amount], [Measures].[Freight] } ON COLUMNS,
NON EMPTY { ([Dim Date].[Calendar Year].[Calendar Year].ALLMEMBERS * [Order Date].[English Month Name].
[English Month Name].ALLMEMBERS ) } DIMENSION PROPERTIES MEMBER_CAPTION,
MEMBER_UNIQUE_NAME ON ROWS FROM [Adventure Works DW] CELL PROPERTIES VALUE, BACK_COLOR, FORE_COLOR,
FORMATTED_VALUE, FORMAT_STRING, FONT_NAME, FONT_SIZE, FONT_FLAGS
```

图 7.33　拖拽结果对应的查询脚本

（4）复制脚本，然后保存到文本文件中，如 d：\MDX\test.mdx。

（5）在 Powershell 中用以下命令运行 test.mdx：

```
Invoke-ASCmd -Server：localhost -Database "MultidimensionalProject1"
-InputFile:"d:\MDX\test.mdx"|Out-file d:\MDX\XMLAQueryOutput.xml
```

在 MultidimensionalProject1 数据仓库中运行 MDX 命令，查询结果以 XML 格式显示，输出到 d：\MDX\XMLAQueryOutput.xml 文件中。

（6）查询语句也可以直接写到命令中，结果直接输出到 Powershell 中，如图 7.34 所示。

```
Invoke-ASCmd -Server: localhost -Database: "MultidimensionalProject1"
-Query:
"SELECT NON EMPTY{[Measures].[Sales Amount]} ON COLUMNS,NON
EMPTY{([Due Date]. [English Month Name].[English Month Name].
ALLMEMBERS)} DIMENSION PROPERTIES MEMBER_CAPTION,
MEMBER_UNIQUE_NAME ON ROWS
FROM [Adventure Works DW] CELL PROPERTIES VALUE, BACK_
COLOR, FORE_COLOR, FORMATTED_VALUE, FORMAT_ STRING,
FONT_NAME, FONT_SIZE, FONT_FLAGS"
```

```
Windows PowerShell
版权所有 (C) Microsoft Corporation。保留所有权利。

PS C:\Users\Lenovo>  -Server:localhost -Database: "MultidimensionalProject1" -Query:"SELEC
T NON EMPTY {[Measures].[Sales Amount]} ON COLUMNS, NON EMPTY {([Due Date]. [English Month Name].[Engli
sh Month Name].ALLMEMBERS)} DIMENSION PROPERTIES MEMBER_CAPTION, MEMBER_UNIQUE_NAME ON ROWS FROM [Adven
ture Works DW2017] CELL PROPERTIES VALUE, BACK_COLOR, FORE_COLOR, FORMATTED_VALUE, FORMAT_STRING, FONT_
NAME, FONT_SIZE, FONT_FLAGS"
<return xmlns="urn:schemas-microsoft-com:xml-analysis"><root xmlns="urn:schemas-microsoft-com:xml-analy
sis:mddataset" xmlns:xsi="http://www.w3.org/2001/XMLSchema-instance" xmlns:xsd="http://www.w3.org/2001/
XMLSchema"><xs:schema targetNamespace="urn:schemas-microsoft-com:xml-analysis:mddataset" elementFormDef
ault="qualified" xmlns="urn:schemas-microsoft-com:xml-analysis:mddataset" xmlns:xs="http://www.w3.org/2
001/XMLSchema" xmlns:msxmla="http://schemas.microsoft.com/analysisservices/2003/xmla"><!-- The schema i
s defined in the publicly available documentation for MSXLA (Microsoft Extension to XMLA Schema)--><xs:
import namespace="http://schemas.microsoft.com/analysisservices/2003/xmla" /><xs:complexType name="Memb
erType"><xs:sequence><xs:any namespace="##targetNamespace" minOccurs="0" maxOccurs="unbounded" processC
ontents="skip" /></xs:sequence><xs:attribute name="Hierarchy" type="xs:string" /></xs:complexType><xs:c
omplexType name="PropType"><xs:sequence><xs:element name="Default" minOccurs="0" /></xs:sequence><xs:at
tribute name="name" type="xs:string" use="required" /><xs:attribute name="type" type="xs:QName" /></xs:
complexType><xs:complexType name="TupleType"><xs:sequence><xs:element name="Member" type="MemberType" m
inOccurs="0" maxOccurs="unbounded" /></xs:sequence></xs:complexType><xs:complexType name="MembersType">
```

图 7.34　在 PowerShell 输出 XML 格式的结果

7.7.4　查询结果的解析

上述查询结果形成的文本是 XML Schema 用于后续分析和展示，主要包含 4 部分，下面做一简要介绍。

（1）<xs：schema>包含之后要出现的 XML 标签的定义，如图 7.35 所示。

```
<xs:schema targetNamespace="urn:schemas-microsoft-com:xml-analysis:mddataset" elementFormDefa
    xmlns="urn:schemas-microsoft-com:xml-analysis:mddataset"
    xmlns:xs="http://www.w3.org/2001/XMLSchema"
    xmlns:msxmla="http://schemas.microsoft.com/analysisservices/2003/xmla">        <!-- T
    <xs:import namespace="http://schemas.microsoft.com/analysisservices/2003/xmla" />
    <xs:complexType name="MemberType">
        <xs:sequence>
            <xs:any namespace="##targetNamespace" minOccurs="0" maxOccurs="unbounded" process
        </xs:sequence>
        <xs:attribute name="Hierarchy" type="xs:string" />
    </xs:complexType>
    <xs:complexType name="PropType">
        <xs:sequence>
            <xs:element name="Default" minOccurs="0" />
        </xs:sequence>
        <xs:attribute name="name" type="xs:string" use="required" />
        <xs:attribute name="type" type="xs:QName" />
```

图 7.35　<xs：schema>部分内容

（2）<OlapInfo>包含此次查询过程的信息，如图 7.36 所示。

```
</xs:schema>
<OlapInfo xmlns="urn:schemas-microsoft-com:xml-analysis:mddataset">
    <CubeInfo>
        <Cube>
            <CubeName>Adventure Works DW2017</CubeName>
            <LastDataUpdate xmlns="http://schemas.microsoft.com/analysisservices/2003/engine">
            <LastSchemaUpdate xmlns="http://schemas.microsoft.com/analysisservices/2003/engine
        </Cube>
    </CubeInfo>
    <AxesInfo>
        <AxisInfo name="Axis0">
            <HierarchyInfo name="[Measures]">
                <UName name="[Measures].[MEMBER_UNIQUE_NAME]" type="xsd:string" />
                <Caption name="[Measures].[MEMBER_CAPTION]" type="xsd:string" />
                <LName name="[Measures].[LEVEL_UNIQUE_NAME]" type="xsd:string" />
                <LNum name="[Measures].[LEVEL_NUMBER]" type="xsd:int" />
                <DisplayInfo name="[Measures].[DISPLAY_INFO]" type="xsd:unsignedInt" />
            </HierarchyInfo>
```

图 7.36　<OlapInfo>部分信息

（3）<Axes>包含查询结果表格的维度信息，如图 7.37 所示。

```
</OlapInfo>
<Axes xmlns="urn:schemas-microsoft-com:xml-analysis:mddataset">
    <Axis name="Axis0">
        <Tuples>
            <Tuple>
                <Member Hierarchy="[Measures]">
                    <UName>[Measures].[Sales Amount]</UName>
                    <Caption>Sales Amount</Caption>
                    <LName>[Measures].[MeasuresLevel]</LName>
                    <LNum>0</LNum>
                    <DisplayInfo>0</DisplayInfo>
                </Member>
            </Tuple>
            <Tuple>
```

图 7.37　<Axes>的部分内容

（4）<CellData>包含查询结果表格单元中的信息，如图 7.38 所示。

获得这个文档后，通过编写 Web 应用程序，解析 XML Schema，获得查询数据，通过可视化模块在浏览器上显示。

```
</Axes>
<CellData xmlns="urn:schemas-microsoft-com:xml-analysis:mddataset">
    <Cell CellOrdinal="0">
        <Value xsi:type="xsd:double"
            xmlns:xsi="http://www.w3.org/2001/XMLSchema-instance">5.239500258000007E5</Value>
        <FmtValue>523950.025800001</FmtValue>
    </Cell>
    <Cell CellOrdinal="1">
        <Value xsi:type="xsd:double"
            xmlns:xsi="http://www.w3.org/2001/XMLSchema-instance">4.191600289999999E4</Value>
        <FmtValue>41916.0029</FmtValue>
    </Cell>
    <Cell CellOrdinal="2">
        <Value xsi:type="xsd:double"
```

图 7.38　<CellData>的部分内容

7.7.5 基于 Web 浏览器的 OLAP 分析结果可视化

本实践项目的可视化编程语言为 Python3.6，使用了 Flask 框架。运行逻辑为：

（1）用户在前端界面选择维度与度量值后，编写 MDX 分析语句，发送到后台。

（2）后台调用 PowerShell 执行 MDX 查询，将 XML 格式的查询结果输出，通过解析发送到前端。

（3）前端使用图表与表格方式展示分析结果。

图 7.39 为切块（Dicing）操作的 OLAP 分析界面，包括三部分：第一部分由用户选择要查询的维度和度量值；第二部分是查询结果的图表展示，在查询后出现；第三部分是查询结果的表格展示，在查询后出现。

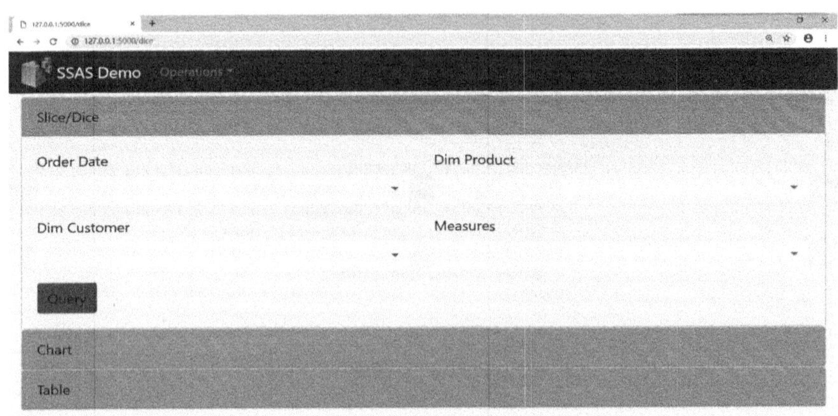

图 7.39 基于 Web 浏览器的 OLAP 分析界面

这里简化了图 7.14 的数据仓库星模式，选择时间、顾客、产品三个维度，时间维度含有年和月两个属性，顾客包含学历和性别两个属性，产品包含颜色和型号两个属性。可供分析的度量值有产品的销量、货运量和交税量。在图 7.40 中选择维度和度量值后，点击“查询”按钮开始进行 Slice/Dice 分析。

查询结果的图表展示方式可以有多种，如图 7.41 所示为热力图，可以同时展示两个维度对度量值的影响。其中横轴为时间维度下的月份属性，纵轴为自行车产品的车辆颜色属性，中间的值为对应的销售量。

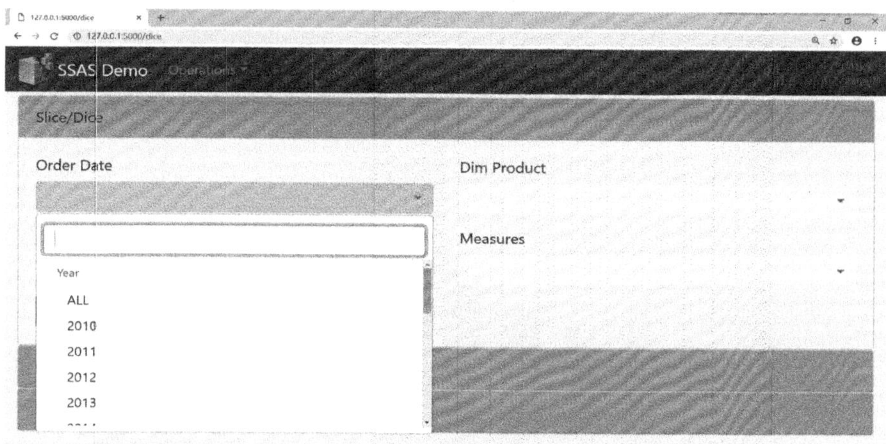

图 7.40　维度与度量值选择

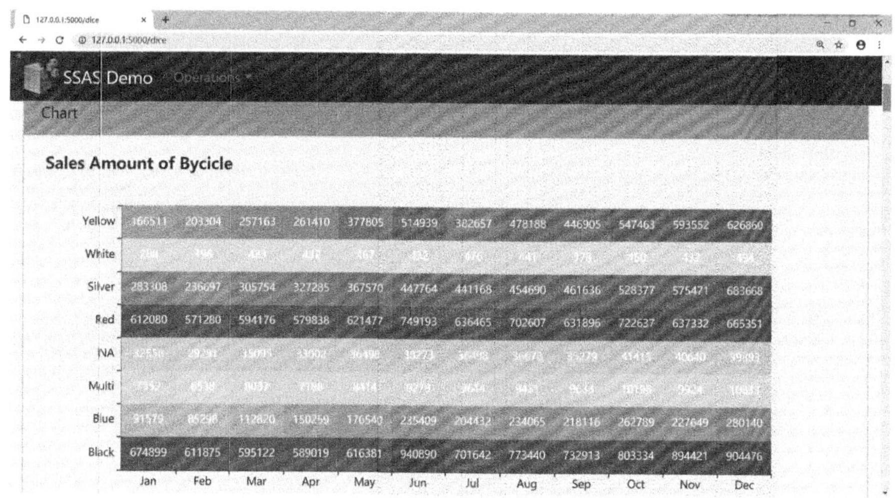

图 7.41　不同月份与产品颜色下自行车销量的热力图

不同月份与产品颜色下自行车销量的热力图（扫码查看彩图）

图 7.42 的条形图和图 7.43 的饼图则分别展示了月份与货运量的关系及产品颜色与货运量的关系。

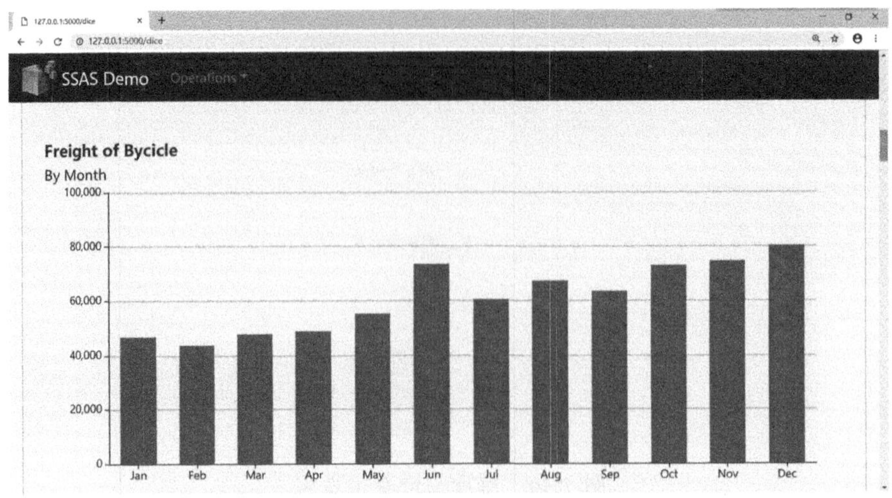

图 7.42 不同月份的货运量条形图展示

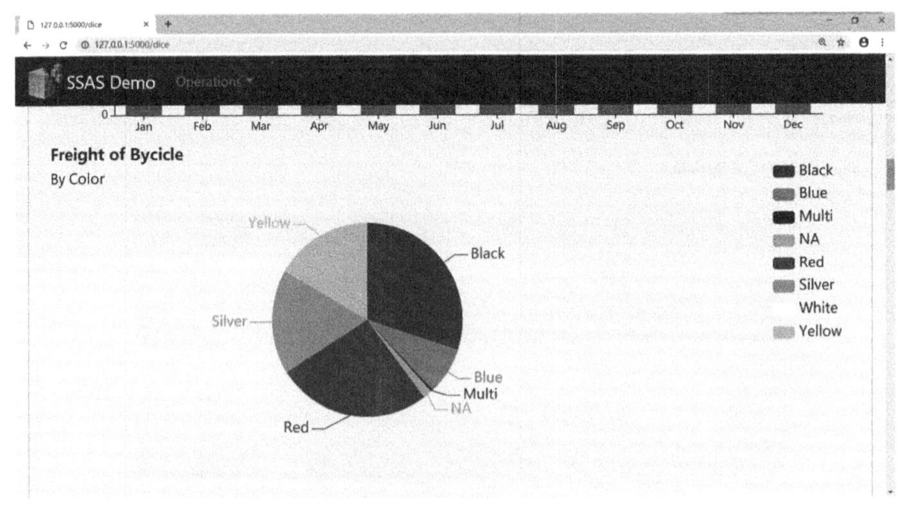

图 7.43 不同颜色的自行车货运量饼图展示

不同颜色的自行车货运量饼图展示（扫码查看彩图）

当高维属性与度量值的关系很难用图形进行表达时，采用表格方式可以展示所有查询得到的数据，这与用 SSMS 查询得到的表格是一致的（见图 7.44）。

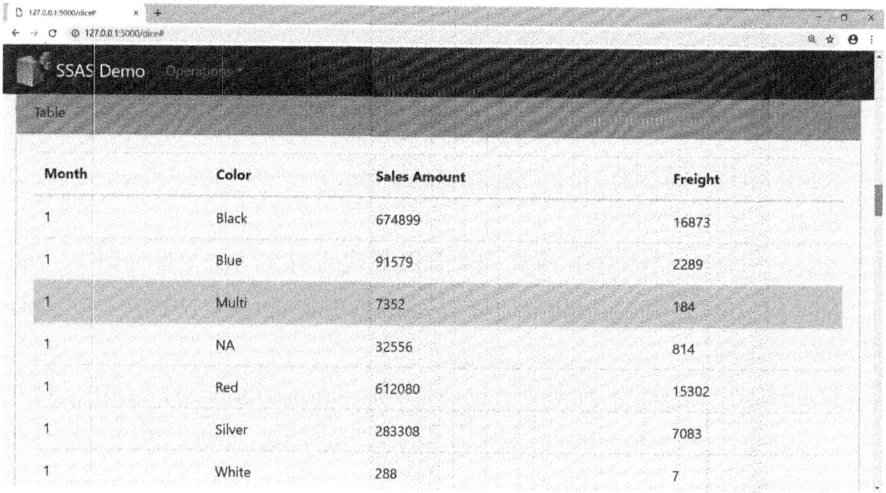

SSAS Demo　Operations

Table

Month	Color	Sales Amount	Freight
1	Black	674899	16873
1	Blue	91579	2289
1	Multi	7352	184
1	NA	32556	814
1	Red	612080	15302
1	Silver	283308	7083
1	White	288	7

图 7.44　查询结果的表格展示

参考资料

[1] 余斌. MDX for SSAS Chapter 3 Understanding MDX. 2013-08-07. SQL Server SSAS MDX 百度文库, https://wenku.baidu.com/view/c5b5366e3c1ec5da50e270f2.html.（2019-02-13 访问）

[2] Allen_白的专栏-CSDN 博客. 15 个很具代表性的 MDX 查询语句. 2012-06-05. https://blog.csdn.net/lglgsy456/article/details/7632791.（2019-02-13 访问）

[3] Microsoft. MDX 函数参考. 2018-06-04. https://docs.microsoft.com/zh-cn/sql/mdx/mdx-function-reference-mdx?view=sql-server-2017.（2019-02-28 访问）

[4] Microsoft. Analysis Services 开发人员文档. 2018-05-08. https://docs.microsoft. com/zh-cn/sql/analysis-services/analysis-services-developer-documentation.（2019-02-14 访问）

[5] Microsoft SSAS Developer. Cube Storage(Analysis Services-Multidimensional Data). 2018-02-05. https://docs.microsoft.com/en-us/sql/analysis-services/multidimensional-models-olap-logical-cube-objects/cube-storage-analysis-services-multidimensional-data?view=sql-server-2017.（2019-02-26 访问）

[6] Microsoft SSAS Developer. Partition Storage Modes and Processing. 2018-02-05. https://docs.microsoft.com/en-us/sql/analysis-services/multidimensional-models-olap-logical-cube-objects/partitions-partition-storage-modes-and-processing?view=sql-server-2017.（2019-02-26 访问）

[7] Daniel Calbimonte. Automate SQL Server Analysis Services Tasks with PowerShell-Part 2. 2013-05-17. https://www.mssqltips.com/sqlservertip/2939/automate-sql-server-analysis-services-tasks-with-powershell--part-2/.（2019-02-21 访问）

第 8 章 Hive 数据仓库开发和 OLAP 分析实践

【本章要点】

- ✧ 基于 Hive 的新型数据仓库设计
- ✧ Hive 数据仓库的实现
- ✧ 基于 HQL 的 OLAP 分析操作
- ✧ OLAP 分析结果可视化

8.1 Hive 数据仓库适用领域

Hive 作为一种基于 Hadoop 的数据仓库工具，有着广泛的应用领域。2016 年 12 月 DeZyre 公司指出（参看技术篇的 5.8 节），Apache Hive 的市场份额大约为 0.3%，即 1 902 个美国公司正在使用 Hive。

Hive 适用于对多维、异质异构大数据进行分析，以及对海量结构化数据进行离线分析。Hive 的最佳应用场合是执行大数据的批处理作业，例如，网络日志分析、复杂分析查询、数据挖掘等。很多国内的互联网公司包括百度、淘宝、携程等均使用 Hive。

8.2 开发基于 Hive 的数据仓库

8.2.1 项目描述与需求分析

1. 任务描述

本实践项目构建一个管理 Web 平台上浏览器软件下载量的 Hive 数据仓库并进行 OLAP 分析。所管理的多维数据包括 2017 年 8、9、10 三个月内，百度软件中心、中关村软件下载中心、2345 软件大全三个下载平台上，来自中国四个地区的用户，下载十二种不同软件的次数。即十二种不同软件在四个地区，三个下载平台网址，三个月内每天的下载次数数据。作为示例数据，数据量约有 13 000 条。

2. 需求分析

项目构建一个网络平台上软件下载量的数据仓库，对其进行 OLAP 分析，旨在发现各软件下载量在不同时间、不同平台、不同地域的变化趋势等。这样的分析能够很好地帮助网站管理者对网站上的热门软件进行管理和更新。

3. Hive 数据仓库模型设计

关系数据仓库最常见模式类型为星模式、雪花模式和星座模式，在技术篇的 5.4 节和实践应用篇的 7.3 节已经做了详细讨论。Hive 是 NewSQL，既有面向大数据的解决方案，又拥有类似于关系数据仓库的性质，例如类 SQL 语言 HQL。因此 Hive 数据仓库建模机制与关系数据仓库的 ROLAP 是类似的。

星模式是一种多维数据模型，它由一个事实表和多个维表构成（见图 7.2）。事实表的主键是各维表的主键形成的复合键。有多少个维表，在事实表中就有多少个与维表关联的外键（维表的主键）。事实表的非主键属性一般是能进行计算的数值数据；而维表中的属性大都是描述性、标称类型的数据。星模式结构简单，查询效率高，可以对事实数据进行各种统计分析，也可以从不同的维度观察数据。

雪花模式是将星模式的维表进一步范式化，将具有多层次属性的维表分解为若干二级或多级子维表，体现局部层次，能够更好地进行维度分析（见图 7.3）。与星模式相比，雪花模式的优势在于更符合业务处理要求，易于进行细节分析，减少了冗余数据。但由于表数量的增加及表连接的复杂，导致效率降低。

考虑到本项目对查询性能的要求比较高，因而采用星模式来设计数据仓库，如图 8.1 所示。类似的工作已被广泛讨论，如资料[1]。

4. 事实表/维表设计

一个基于 Hive 的数据仓库的事实表和维表如图 8.1 设计。将下载量数据作为分析的事实，而时间属性、地域属性、下载平台、软件信息作为维度。

本项目的事实表主要包括下载事实、与各个维表连接查询的外键，字段说明如表 8.1 所示。

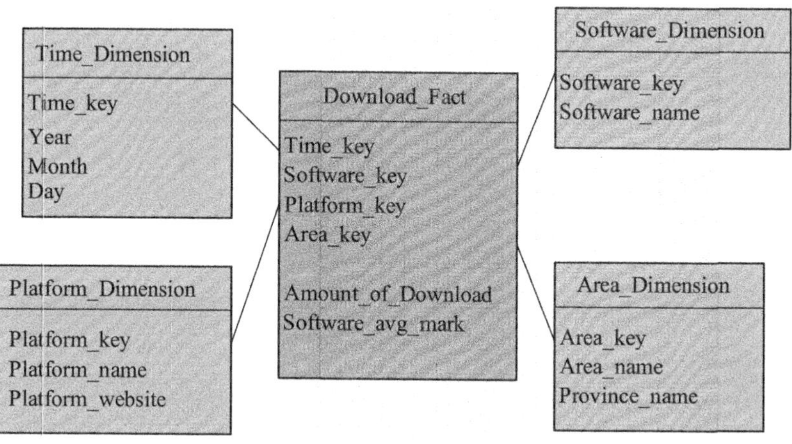

图 8.1 软件下载数据仓库星模式设计

表 8.1 软件下载事实表

字段名	数据类型	说 明
Time_key	BIGINT	时间维度外键
Software_key	STRING	软件维度外键
Platform_key	STRING	下载平台维度外键
Area_key	STRING	下载某个软件的地区维度外键
Amount_of_Download	BIGINT	软件的下载量
Software_avg_mark	FLOAT	软件的平均评分

时间维度主要对软件下载的时间进行说明，字段包括主键、年、月、日，如表 8.2 所示。

表 8.2 时间维度表

字段名	数据类型	说 明
Time_key	BIGINT	时间维度主键
Year	INT	年
Month	INT	月
Day	INT	日

地域维度主要对下载某个软件的地域进行说明，字段包括主键、地区名称、省份，如表 8.3 所示。

表 8.3 地域维度表

字段名	数据类型	说明
Area_key	STRING	地域维度主键
Area_name	STRING	地区名称
Province_name	STRING	省份名称

软件维度主要对软件进行说明，字段包括软件主键、软件名，如表 8.4 所示。

表 8.4 软件维度表

字段名	数据类型	说明
Software_key	STRING	软件维度主键
Software_name	STRING	软件名称

下载平台维度主要对下载软件的网络平台进行说明，字段包括平台主键、平台名称、平台的网址，如表 8.5 所示。

表 8.5 下载平台维度表

字段名	数据类型	说明
Platform_key	STRING	平台维度主键
Platform_name	STRING	平台名称
Platform_website	STRING	平台网址

8.2.2 实践项目应用环境构建

1. 基于 Hive 的数据仓库系统架构

Hive 是基于 Hadoop 的数据仓库工具，Hive 的架构请参考技术篇 5.6.4 节的图 5.14。搭建 Hive 环境之前必须搭建 Hadoop 环境，部分参考了资料[2]，其配置过程所需要的软件工具如表 8.6 所示。具体的配置过程分为以下几个步骤。

表 8.6 配置应用环境所需工具说明

环境	工具名
虚拟机及操作系统	VMware-workstation-full-12.5.7.20721.exe
	Ubuntu-16.04.3-desktop-amd64.iso

续表

环境	工具名
Hadoop	jdk-7u79-linux-x64.tar.gz
	hadoop-2.6.5.tar.gz
	ssh
Hive	mysql-connector-java-5.1.40.tar.gz
	MySQL
	apache-hive-1.2.1-bin.tar.gz

2. 安装虚拟机及操作系统

Hive 基于 Hadoop 环境，而 Hadoop 又基于 Linux 系统环境。因此，在搭建 Hadoop 环境之前需要安装 Linux 系统。安装 Linux 可选择两种方式，一是直接安装 Linux 系统，推荐 Ubuntu 系统；二是安装虚拟机，在虚拟机中安装 Ubuntu 系统。现在具体介绍如何在虚拟机中安装 Ubuntu。

（1）虚拟机采用 VMware-workstation-full-12.5.7.20721.exe 版本软件，直接根据提示点击即可，不再赘述。安装后，打开虚拟机，在其中安装 Ubuntu 操作系统。这里推荐选择自定义安装方式（见图 8.2）。

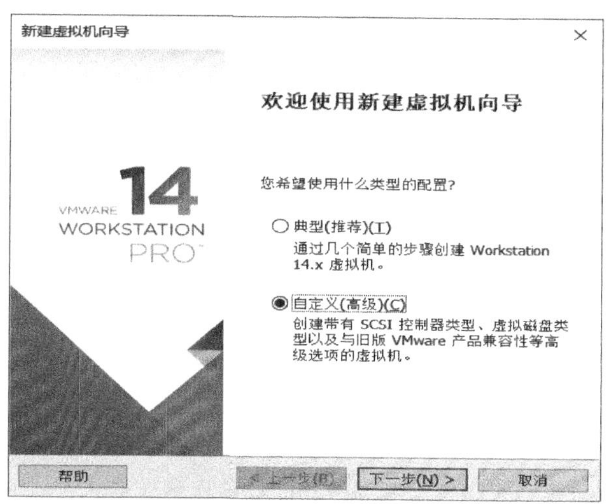

图 8.2　虚拟机安装方式

点击“浏览”选项，从本地中找到安装的操作系统镜像文件，本项目选择的系统为 Ubuntu 系统，这里的镜像文件即为 Ubuntu-16.04.3-desktop-amd64.iso，设置用户名和密码，如图 8.3 所示。

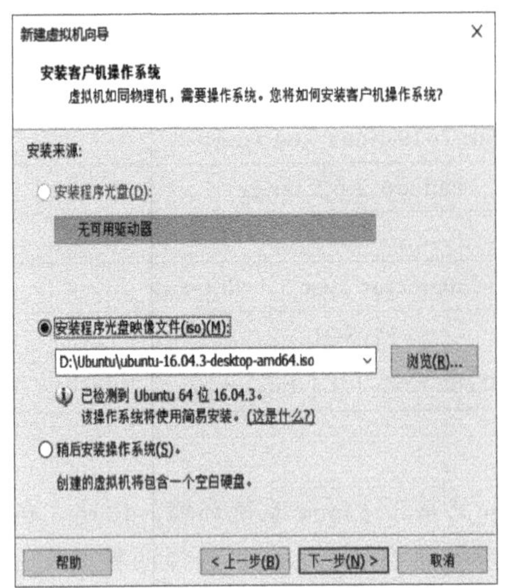

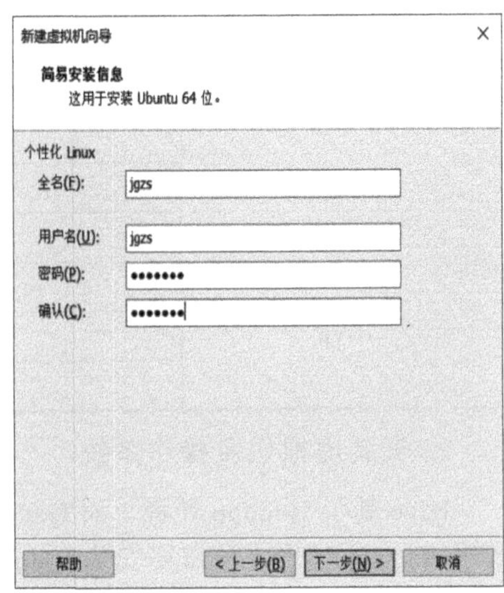

图 8.3 Ubuntu 安装及账号设置

（2）设置虚拟机系统名及该系统的相关文件的路径，设置处理器数量及内核数，如图 8.4 所示。

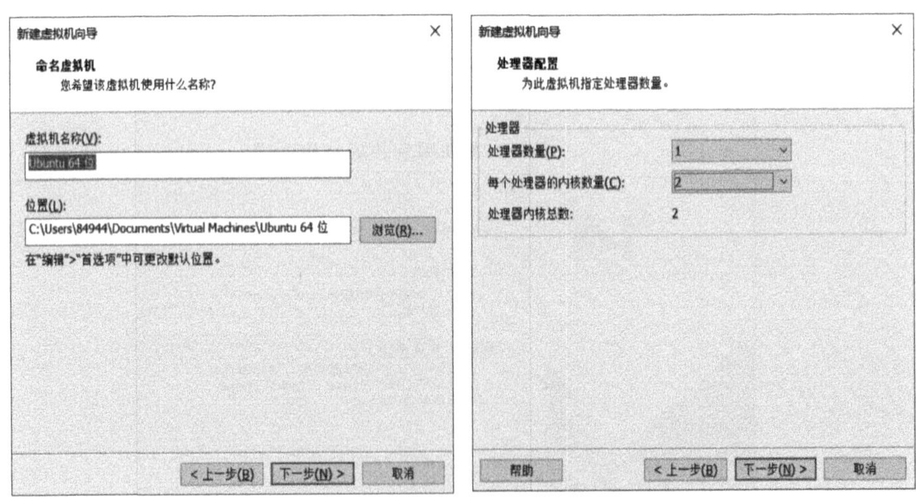

图 8.4 Ubuntu 系统名及内核设置

（3）设置虚拟机系统的内存，根据自己的计算机内存大小设置，建议最小为 2 048 MB，如图 8.5 所示。

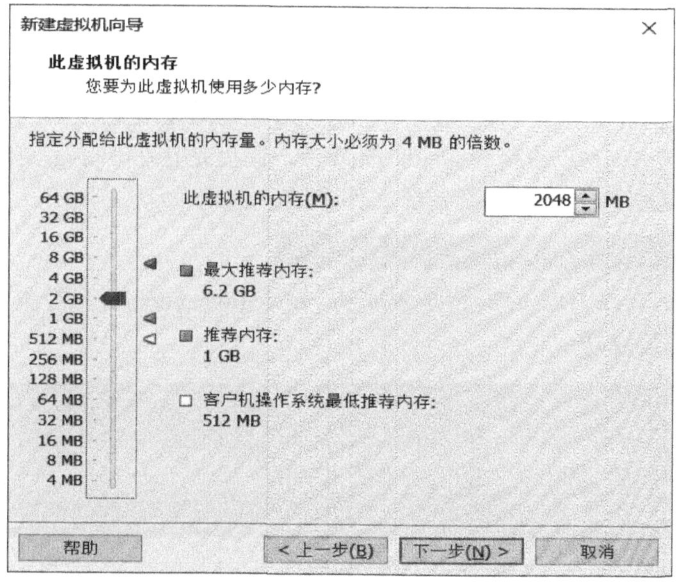

图 8.5　Ubuntu 系统内存设置

至此，虚拟机及操作系统安装完毕。

3. 搭建 Hadoop 环境

Hadoop 环境安装主要分为安装 JDK，SSH，Hadoop 三个部分。

（1）安装 Java JDK，步骤如下：

① 在 Ubuntu 环境下下载 jdk-7u79-linux-x64.tar.gz。在命令行窗口对其进行解压。解压命令为：sudo tar -zxf jdk-7u79-linux-x64.tar.gz。

② 在 opt 路径下创建 java 文件夹。创建文件夹需要进入 root 模式，在 opt 路径下打开控制台，键入命令：sudo su，输入密码后即可进入 root 模式。成功后，键入命令 mkdir java，即可在 opt 文件下创建 java 文件夹：

```
root@ubuntu:/opt# mkdir java
```

③ 将解压后的 jdk1.7.0_79 移动到/opt/java 路径下。

```
root@ubuntu:/opt# cd java
root@ubuntu:/opt/java# sudo mv /home/korean/Downloads/jdk1.7.0_79 .
```

④ 配置 jdk 环境，打开系统环境变量配置文件。输入命令：

```
root@ubuntu:~# gedit /etc/profile
```

在文本最后添加配置如下：

```
export JAVA_HOME=/opt/java/jdk1.7.0_79
export CLASSPATH=.: ${JAVA_HOME}/lib: ${JAVA_HOME}E/lib
export PATH=${JAVA_HOME}/bin: $PATH
```

其中，JAVA_HOME 的路径为 jdk 的路径，这里是在/opt/java 文件中。

⑤ 使更改过的环境变量系统文件生效，键入：

```
root@ubuntu:~# source /etc/profile
```

⑥ 验证 Java JDK 的安装是否成功。输入 java-version 命令并得到结果，即可说明安装成功。

```
root@ubuntu:~# java -version
java version "1.7.0_79"
Java(TM) SE Runtime Environment (build 1.7.0_79-b15)
Java HotSpot(TM) 64-Bit Server VM (build 24.79-b02, mixed mode)
root@ubuntu:~#
```

（2）安装 SSH，步骤如下：

① 下载安装 SSH，在控制台使用 apt 命令进行 SSH 的下载安装：

```
root@ubuntu:~# apt-get install openssh-server
```

② 为了配合 hadoop 的使用，需要将 ssh 设置为无密码登录。键入命令：ssh-keygen -t rsa，成功后，再键入命令 ssh-copy-id 127.0.0.1。

③ 通过连接本地来测试安装与配置是否成功。

```
root@ubuntu:~# ssh localhost
root@localhost's password:
Welcome to Ubuntu 16.04.3 LTS (GNU/Linux 4.10.0-37-generic x86_64)

 * Documentation:  https://help.ubuntu.com
 * Management:     https://landscape.canonical.com
 * Support:        https://ubuntu.com/advantage

22 个可升级软件包。
16 个安全更新。

Last login: Tue Oct 31 20:13:50 2017 from 127.0.0.1
root@ubuntu:~#
```

④ 若 root 账号无法登录 SSH，则需要在 root 权限下，键入命令：gedit /etc/ssh/sshd_config。找到#Authentication 并将 PermitRootLogin without -password 替换成 PermitRootLogin yes，然后重新测试。

（3）安装 Hadoop 平台，步骤如下：

① 将 hadoop-2.6.5.tar.gz 文件解压，输入命令：

```
root@ubuntu:~/Downloads# sudo tar -zxf hadoop-2.6.5.tar.gz
```

② 在 root 权限和/usr/local/下创建 hadoop 路径；在 hadoop 下创建 tmp；在 tmp 下创建 dfs；在 dfs 下创建 name 和 data。

```
root@ubuntu:/usr/local# mkdir hadoop
root@ubuntu:/usr/local/hadoop# mkdir tmp
root@ubuntu:/usr/local/hadoop/tmp# mkdir dfs
root@ubuntu:/usr/local/hadoop/tmp/dfs# mkdir name
root@ubuntu:/usr/local/hadoop/tmp/dfs# mkdir data
```

③ 把解压的 hadoop-2.6.5 移动到/usr/local/路径下。在/usr/local 的路径下打开控制台，输入命令：

```
sudo mv /home/komean/Downloads/hadoop-2.6.5
```

④ 在/usr/local/hadoop-2.6.5/etc/Hadoop 路径下，打开控制台，修改配置相关文件，具体如下：修改 core-site.xml 文件内容，键入命令：

```
gedit core-site.xml
```

在文本后添加内容：

```
<configuration>
   <property>
      <name>hadoop.tmp.dir</name>
      <value>file: /usr/local/hadoop/tmp</value>
      <description>Abase for other temporary directories
      </description>
   </property>
   <property>
     <name>fs.defaultFS</name>
     <value>hdfs: //localhost: 9000</value>
  </property>
</configuration>
```

修改 hdfs-site.xml 文件内容，键入命令：gedit hdfs-site.xml。

在文本后添加内容：

```
<configuration>
  <property>
     <name>hadoop.tmp.dir</name>
```

```
    <value>file: /usr/local/hadoop/tmp</value>
    <description>Abase for other temporary directories.
    </description>
  </property>
  <property>
   <name>fs.defaultFS</name>
   <value>hdfs: //localhost: 9000</value>
  </property>
</configuration>
```

修改 mapred-site.xml.template 文件内容，键入命令：

```
gedit mapred-site. xml.template
```

文本后添加：

```
<configuration>
 <property>
   <name>mapred.job.tracker</name>
   <value>localhost: 9001</value>
 </property>
</configuration>
```

⑤ 修改 Hadoop-env.sh 文件，键入命令：gedit Hadoop-env.sh。找到 export JAVA_HOME 属性，修改为：

```
export JAVA_HOME= "/opt/java/jdk1.7.0_79"
```

⑥ 配置 Hadoop 环境变量，键入命令：

```
gedit /etc/profile
```

文本后添加：

```
export JAVA_HOME=/opt/java/jdk1.7.0_79
export CLASSPATH=.: ${JAVA_HOME}/lib: ${JAVA_HOME}E/lib
export HADOOP_HOME=/usr/local/hadoop-2.6.5
export
PATH=${JAVA_HOME}/bin: $PATH: ${HADOOP_HOME}
/bin: ${HADOOP_HOME}/sbin
```

⑦ 键入命令：source /etc/profile，更新配置文件。

⑧ 启动 Hadoop 验证是否安装成功。在/usr/local/hadoop-2.6.5 文件下打

开命令行窗口，初始化 HDFS 系统。

```
root@ubuntu:/usr/local/hadoop-2.6.5# bin/hdfs namenode -format
17/11/01 02:37:25 INFO namenode.NameNode: STARTUP_MSG:
/************************************************************
STARTUP_MSG: Starting NameNode
STARTUP_MSG:   host = ubuntu/127.0.1.1
STARTUP_MSG:   args = [-format]
STARTUP_MSG:   version = 2.6.5
STARTUP_MSG:   classpath = /usr/local/hadoop-2.6.5/etc/hadoop:/usr/local/hadoop-
```

然后启动 Hadoop：


```
root@ubuntu:/usr/local/hadoop-2.6.5# bin/hdfs namenode -format
17/11/01 02:37:25 INFO namenode.NameNode: STARTUP_MSG:
/************************************************************
STARTUP_MSG: Starting NameNode
STARTUP_MSG:   host = ubuntu/127.0.1.1
STARTUP_MSG:   args = [-format]
STARTUP_MSG:   version = 2.6.5
STARTUP_MSG:   classpath = /usr/local/hadoop-2.6.5/etc/hadoop:/usr/local/hadoop-
```


利用 Jps 进行检测，出现以下几个进程则表示 Hadoop 启动成功。

```
root@ubuntu:/usr/local/hadoop-2.6.5# jps
2405 DataNode
3098 NodeManager
2628 SecondaryNameNode
2780 ResourceManager
5637 Jps
2276 NameNode
```

4. 搭建 Hive 环境

Hive 环境配置主要分为两个部分，安装 MySQL 和安装 Hive 软件。

（1）安装 MySQL。

① 在 Ubuntu 的软件市场下载 MySQL。键入命令：sudo apt-get install mysql-server。

② 验证 MySQL 进程是否启动。

```
root@ubuntu:~# service mysql status
● mysql.service - MySQL Community Server
   Loaded: loaded (/lib/systemd/system/mysql.service; enabled; vendor preset: en
   Active: active (running) since 三 2017-11-01 00:39:25 CST; 2h 7min ago
  Process: 999 ExecStartPost=/usr/share/mysql/mysql-systemd-start post (code=exi
  Process: 973 ExecStartPre=/usr/share/mysql/mysql-systemd-start pre (code=exite
 Main PID: 998 (mysqld)
   CGroup: /system.slice/mysql.service
           └─998 /usr/sbin/mysqld

11月 01 00:39:13 ubuntu systemd[1]: Starting MySQL Community Server...
11月 01 00:39:25 ubuntu systemd[1]: Started MySQL Community Server.
11月 01 00:42:31 ubuntu systemd[1]: Started MySQL Community Server.
```

③ 验证 MySQL 是否安装成功。

```
root@ubuntu:~# mysql -u root -p
Enter password:
Welcome to the MySQL monitor.  Commands end with ; or \g.
Your MySQL connection id is 4
Server version: 5.7.19-0ubuntu0.16.04.1 (Ubuntu)

Copyright (c) 2000, 2017, Oracle and/or its affiliates. All rights reserved.

Oracle is a registered trademark of Oracle Corporation and/or its
affiliates. Other names may be trademarks of their respective
owners.

Type 'help;' or '\h' for help. Type '\c' to clear the current input statement.

mysql>
```

（2）安装 Hive 软件。

① 解压 apache-hive-1.2.1-bin.tar.gz。键入命令：

```
sudo tar -zxf apache- hive-1.2.1-bin.tar.gz
```

② 在/usr/usr/local/hadoop-2.6.5/路径下创建 Hive 文件夹，同时将解压的文件移动到/usr/local/hadoop-2.6.5/hive 中。

③ 在/etc/profile 文件中，添加 HIVE_HOME 和 PATH 环境变量，键入命令：gedit /etc/profile。在文本内容后添加：

```
export HIVE_HOME=/usr/local/hadoop-2.6.5/hive
export PATH=${JAVA_HOME}/bin: $PATH: ${HIVE_HOME}/bin:
${HIVE_HOME}/sbin
```

④ 修改 Hive 配置文件，将/usr/local/hadoop-2.6.4/apache- hive- 1.2.1-bin/conf 中的 hive-default.xml.template 复制，并重命名为 hive-size.xml 文件。

复制命令：

```
cp hive-default.xml.template    hive-size.xml
```

⑤ 修改 hive-size.xml 中的相关属性。键入命令：

```
gedit hive-size.xml
```

- 修改 javax.jdo.option.ConnectionURL 属性如下：

```
<property>
  <name>javax.jdo.option.ConnectionURL</name>
  <value>jdbc: mysql: //localhost/hive?createDatabaseIfNotExist=true
  </value>
  <description>JDBC connect string for a JDBC metastore
  </description>
</property>
```

• 修改 javax.jdo.option.ConnectionDriverName 属性，具体如下：

```
<property>
  <name>javax.jdo.option.ConnectionDriverName</name>
  <value>com.mysql.jdbc.Driver</value>
  <description>Driver class name for a JDBC metastore< /description>
</property>
```

• 修改 javax.jdo.option.ConnectionUserName 属性，即数据库用户名，这里的数据库用户名为 root，具体如下：

```
<property>
  <name>javax.jdo.option.ConnectionUserName</name>
  <value>root</value>
  <description>Username to use against metastore database
  </description>
</property>
```

• 修改 javax.jdo.option.ConnectionPassword 属性，添加数据库密码，例如，密码为 123456。XML 代码如下：

```
<property>
    <name>javax.jdo.option.ConnectionPassword</name>
    <value>123456</value>
    <description>password to use against metastore database
    </description>
</property>
```

• 添加属性 hive.metastore.local，如下：

```
<property>
  <name>hive.metastore.local</name>
  <value>true</value>
</property>
```

• 修改 hive.server2.logging.operation.log.location 属性：

```
<property>
  <name>hive.server2.logging.operation.log.location</name>
  <value>/usr/local/hadoop-2.6.5/hive/tmp/hive/operation_logs
```

```
    </value>
    <description>Top level directory where operation logs are stored if
    logging functionality is enabled
    </description>
</property>
```

• 修改 hive.exec.local.scratchdir 属性：

```
<property>
    <name>hive.exec.local.scratchdir</name>
    <value>/usr/local/hadoop-2.6.5/hive/tmp/hive</value>
    <description>Local scratch space for Hive jobs</description>
</property>
```

• 修改 hive.Downloaded.resources.dir 属性：

```
<property>
    <name>hive.Downloaded.resources.dir</name>
    <value>/usr/local/hadoop-2.6.5/hive/tmp/hive/resources</value>
    <description>Temporary local directory for added resources in the
     remote file system.
    </description>
</property>
```

• 修改 hive.querylog.location 属性：

```
<property>
    <name>hive.querylog.location</name>
    <value>/usr/local/hadoop-2.6.5/hive/tmp/hive/querylog</value>
    <description>Location of Hive run time structured log file
    </description>
</property>
```

⑥ 在/usr/local/hadoop-2.6.5/hive 路径下新建 tmp 目录；tmp 下新建 Hive 文件夹；Hive 下创建 operation_logs，resources，querylog 文件夹。命令不再赘述。

将/usr/local/hadoop-2.6.5/hive/apache-hive-1.2.1-bin/lib 下的 jline-2.12.jar 移动到/usr/local/ hadoop-2.6.5/share/hadoop/yarn/lib 文件夹内，并替换掉该文件夹内原本的包。

下载 mysql- connector-java-5.1.45-bin.jar 移动到/usr/local/hadoop-2.6.5/

hive/apache-hive -1.2.1-bin/lib 内。

⑦ 检测 Hive 环境是否配置成功，启动 MySQL 服务和 Hadoop 后，输入命令：Hive，得到以下结果则说明 Hive 配置成功。

```
root@ubuntu:/usr/local/hadoop-2.6.5# hive

Logging initialized using configuration in jar:file:/usr/local/hadoop-2.6.5/hive
/apache-hive-1.2.1-bin/lib/hive-common-1.2.1.jar!/hive-log4j.properties
hive> 
```

8.2.3　数据预处理（ETL）

关于数据预处理（ETL 过程）已经在实践应用篇的 7.2 节进行了详细讨论，ETL 是建设数据仓库、保障数据仓库质量的关键环节之一。技术阐述请参考 7.2 节，这里讨论技术实现。

1. 数据提取

本实践项目的数据抽取是爬取 2017 年 8、9、10 三个月内，用户从百度软件中心、中关村软件下载中心、2345 软件大全三个网址上下载 QQ 浏览器、火狐浏览器、Chrome 浏览器等 12 种不同软件的相关数据。爬取的数据量约为 13 000 条，所爬取的原始数据如图 8.6 所示。

时间	软件名	下载地址	地区	省份	下载量	评分
20170801	Kingsoft Antivirus	Baidu Software Center	Central China	Hubei		
20170801	Firefox	Baidu Software Center	Central China	Hubei	31678	
20170801	QQ Browser	Baidu Software Center	Southwest	Sichuan		
20170801	Kingsoft Antivirus	Baidu Software Center	Southwest	Sichuan		
20170801	Chrome	Baidu Software Center	East China	Zhejiang	203805	
20170801	Kingsoft Antivirus	Baidu Software Center	East China	Anhui		
20170801	Baidu Manage	Baidu Software Center	South China	Guangdo		
20170801	Baidu Manage	Baidu Software Center	Southwest	Yunnan		
20170801	Bandizip	Baidu Software Center	South China	Guangdong		
20170801	QQ Browser	Baidu Software Center	Central China	Henan		
20170801	360Zip	Baidu Software Center	Central China	Henan	856	
20170801	360 Manage	Baidu Software Center	East China	Jiangsu		
20170801	360 Browser	Baidu Software Center	South China	Guangdo		
20170801	Bandizip	Baidu Software Center	Southwest	Sichuan	152	
20170801	Bandizip	Baidu Software Center	Central China	Hunan	191	
20170801	WinRaR	Baidu Software Center	East China	Jiangsu	71570	
20170801	Tencent Manage	Baidu Software Center	East China	Anhui		
20170801	QQ Browser	Baidu Software Center	East China	Jiangsu		
20170801	Firefox	Baidu Software Center	South China	Guangdong		
20170801	Tencent Manage	Baidu Software Center	South China	Guangdo		
20170801	2345HaoZip	Baidu Software Center	East China	Zhejiang		
20170801	Chrome	Baidu Software Center	South China	Hainan	178329	
20170801	360 Manage	Baidu Software Center	South China	Guangxi		
20170801	360 Browser	Baidu Software Center	Central China	Hubei		
20170801	Bandizip	Baidu Software Center	East China	Jiangsu	300	
20170801	360 Browser	Baidu Software Center	Southwest	Sichuan		
20170801	2345HaoZip	Baidu Software Center	Central China	Hubei		
20170801	Tencent Manage	Baidu Software Center	Southwest	Yunnan		
20170801	Tencent Manage	Baidu Software Center	Central China	Hubei		
20170801	360 Manage	Baidu Software Center	Central China	Henan		
20170801	WinRaR	Baidu Software Center	Southwest	Guizhou	35785	

图 8.6　所获取的原始数据描述

2. 数据转换

在本实践项目实现中，利用预处理程序对原始数据的字段进行选择、变换。根据星模式设计代理键和外键等。将转换后的数据存入 txt 文本内。文本内字段之间的区分格式为‘\t’，在加载数据时，该符号主要用于区别各个字段。

转换之后的维表数据如图 8.7～图 8.10 所示。时间维度字段分别为主键、年、月、日。地域维度字段分别为主键、地区、具体省份。下载平台维度字段分别为主键、平台名、平台网址。软件维度字段分别为主键、软件名。下载事实表数据如图 8.11 所示，字段分别为时间维表外键、软件维表外键、下载平台维表外键、地域维表外键、软件平均评分、下载量。

```
20170801	2017	8	1
20170802	2017	8	2
20170803	2017	8	3
20170804	2017	8	4
20170805	2017	8	5
20170806	2017	8	6
20170807	2017	8	7
20170808	2017	8	8
20170809	2017	8	9
20170810	2017	8	10
20170811	2017	8	11
20170812	2017	8	12
20170813	2017	8	13
20170814	2017	8	14
20170815	2017	8	15
20170816	2017	8	16
20170817	2017	8	17
20170818	2017	8	18
20170819	2017	8	19
20170820	2017	8	20
20170821	2017	8	21
20170822	2017	8	22
20170823	2017	8	23
20170824	2017	8	24
20170825	2017	8	25
20170826	2017	8	26
```

图 8.7 时间维度数据

```
0101	East China	Jiangsu
0102	East China	Zhejiang
0103	East China	Anhui
0204	South China	Guangdong
0205	South China	Hainan
0206	South China	Guangxi
0307	Central China	Henan
0308	Central China	Hubei
0309	Central China	Hunan
0410	Southwest	Sichuan
0411	Southwest	Guizhou
0412	Southwest	Yunnan
```

图 8.8 地域维度数据

```
001	Baidu Software Center	http://rj.baidu.com
002	ZGC Software Center	http://xiazai.zol.com.cn
003	2345 Software Center	http://www.duote.com
```

图 8.9 下载平台维度数据

```
0001	Kingsoft Antivirus
0002	Tencent Manage
0003	360 Manage
0004	Baidu Manage
0005	2345HaoZip
0006	WinRAR
0007	360Zip
0008	Bandizip
0009	QQ Browser
0010	360 Browser
0011	Firefox
0012	Chrome
```

图 8.10 软件维度数据

20170801	0001	001	0308	7.2	21903
20170801	0011	001	0308	8.4	31678
20170801	0009	001	0410	7.1	22168
20170801	0001	001	0410	7.2	17522
20170801	0012	001	0102	8.5	203805
20170801	0001	001	0103	7.2	35045
20170801	0004	001	0204	7.4	58104
20170801	0004	001	0412	7.4	33202
20170801	0008	001	0204	7.9	267
20170801	0009	001	0307	7.1	27716
20170801	0007	001	0307	6.9	856
20170801	0003	001	0101	6.5	13245
20170801	0010	001	0204	6.6	5416
20170801	0008	001	0410	7.9	152
20170801	0008	001	0309	7.9	191
20170801	0006	001	0101	8	71570
20170801	0002	001	0103	7.9	1150
20170801	0009	001	0101	7.1	44345
20170801	0011	001	0204	8.4	44349
20170801	0002	001	0204	7.9	1006
20170801	0005	001	0102	7.8	29485
20170801	0012	001	0205	8.5	178329
20170801	0003	001	0206	6.5	11585
20170801	0010	001	0308	6.6	3872
20170801	0008	001	0101	7.9	300
20170801	0010	001	0410	6.6	3092
20170801	0005	001	0308	7.8	18434
20170801	0002	001	0412	7.9	575
20170801	0002	001	0308	7.9	719
20170801	0003	001	0307	6.5	8272
20170801	0006	001	0411	8	35785
20170801	0012	001	0307	8.5	127378

图 8.11 下载事实表数据

3. 数据加载

利用 Hive 的 Load 命令，将事实表和维度的 txt 数据文本加载到下一节将创建的数据仓库内。

8.2.4 创建 Hive 数据仓库

1. 创建库

Hive 的数据表需要在库内创建，所以创建数据表之前需要创建数据仓库。成功启动 Hive 后，直接输入命令：CREATE DATABASE SW，即创建了一个名称为 SW 的库。

2. 创建事实表和维表

在已经创建的 SW 库中构建数据仓库表，首先输入命令：USE SW，然后根据星模式，设计创建事实表及维度表的 HQL 语句[3]。注意，以下 HQL 语句中 row format delimited fields terminated by '\t'，表示设置字段之间的格式为'\t'。

（1）创建 Hive 数据仓库事实表的 HQL 语句如下：

```
CREATE TABLE DownloadFact (
    Time_key BIGINT,
    Software_key STRING,
    Platform_key STRING,
    Area_key STRING,
    Software_avg_mark float,
    Amount_of_Download BIGINT )
row format delimited fields terminated by '\t';
```

（2）创建时间维度表的 HQL 语句如下：

```
CREATE TABLE Time (
    Time_key BIGINT,
    Year INT,
    Month INT,
    Day INT )
row format delimited fields terminated by '\t';
```

（3）创建软件维度表的 HQL 语句：

```
CREATE TABLE Software (
    Software_key STRING,
    Software_name STRING )
row format delimited fields terminated by '\t';
```

（4）创建平台维度表的 HQL 语句：

```
CREATE TABLE Platform (
    Platform_key STRING,
    Platform_name STRING,
    Platform_Website STRING )
row format delimited fields terminated by '\t';
```

（5）创建地域维度表的 HQL 语句：

```
CREATE TABLE Area (
    Area_key STRING,
    Area_name STRING,
    Province_name STRING )
row format delimited fields terminated by '\t';
```

3. 加载数据

一般利用 Load 命令将 txt 文本数据导入到 SW 库中的对应表内，txt 文本可为本地文件，也可以为 HDFS 文件系统中的文本文件。Load 命令加载主要有两种方式，一种为覆盖加载，一种为追加加载，两种方式通过关键词 OVERWRITE 区别，命令格式如下：

```
LOAD DATA LOCAL INPATH 'path' {OVERWRITE} INTO TABLE
tablename;
```

其中，path 为文本的路径；tablename 为对应的数据表名。OVERWRITE 可选，表示加载方式是否覆盖。

例如：

```
LOAD DATA LOCAL INPATH '/home/jgzs/data/Fact.txt'
OVERWRITE INTO TABLE DownloadFact;
```

表示将/home/jgzs/data/路径下的 Fact.txt 文本数据以覆盖的方式加载到当前库中的 DownloadFact 表。

例如：

```
LOAD DATA LOCAL INPATH '/home/jgzs/data/Fact.txt' INTO
TABLE DownloadFact;
```

表示将/home/jgzs/data/路径下的 Fact.txt 文本数据以追加的方式加载到当前库中的 DownloadFact 表内。

类似地，可以将维表数据加载到当前数据仓库的对应表中，例如：

```
LOAD DATA LOCAL INPATH '/home/jgzs/data/Time.txt' INTO
TABLE Time;
```

8.2.5　维护数据仓库

Hive 数据仓库的特性与传统关系数据仓库相类似，用户对数据仓库访问大部分是读操作。因此，基于 Hive 的数据仓库一般不支持对数据的删除和更新。但在实际应用中，难免会遇到需要对数据进行更新和修改。下面介绍 Hive 数据仓库中的增加、修改、删除方法[4]。

1. 数据添加

Hive 的数据添加方法一般采用 Load 命令进行追加加载。命令格式见 8.2.4 节的第 3 点。

2. 数据修改

在 Hive 中，通过覆盖加载的方式对数据进行修改，命令格式同 8.2.4 节的第 3 点介绍。加入关键词 OVERWRITE，会删除表内的数据，重新加载文本数据。

3. 数据删除

Hive 的数据删除一般分为两种方式，删除库和删除数据表，命令格式为：

```
DROP DATABASE [if exists]库名[cascade]
```

如果该库名存在，则删除数据仓库下所有表和数据。

```
DROP TABLE [if exists] 表名
```

如果该表存在，则删除该表和该表的所有数据。

8.3 基于 Hive 数据仓库的 OLAP 分析

8.3.1 实现 OLAP 计算分析

联机分析处理 OLAP 是一种基于数据仓库的分析技术，具有快速、一致、交互等特点，并能够使用户从各个方面观察数据，发现知识，从而深入地理解数据。对 OLAP 技术和具体的 OLAP 操作较详细地讨论，请参考技术篇的 5.5 节和实践应用篇的 7.4 节。这里将基于上一节构建的 Hive 数据仓库，对数据进行 OLAP 分析，对结果清晰地可视化展示。

成功启动 Hadoop，MySQL 后，输入“Hive”进入操作界面，输入命令“USE SW”，进入项目创建的数据仓库。

1. 切片（Slice）

其 HQL 语句格式为：

```
Select 观察字段，sum（Amount_of_Download）
From 观察字段的来源表
Where 外键连接条件 and 维度投影
Group by 观察字段
Order by 观察字段
```

一个切片的例子：

```
Select Platform_name, Software_name, Month, Area_name, sum
(Amount_of_ Download)
From DownloadFact, Area, Platform, Software, Time
Where DownloadFact.Platform_key = Platform.Platform_key and
    DownloadFact.Software_key = Software.Software_key   and
    DownloadFact.Time_key = Time.Time_key              and
    DownloadFact.Area_key = Area.Area_key              and
    Platform.Platform_name = "Baidu Software Center"   and
    Area.Area_name = "East China"
Group by Platform_name, Software_name, Month, Area_name
Order by Platform_name, Software_name, Month, Area_name
```

该例子表示在时间、软件、下载平台、下载地区构成的立方体中，选择下载平台为“Baidu Software Center”，地区平台为“East China”，观察各类软件（Chrome，Firefox 等）在各个时间点（8、9、10 月）的总下载量（单位：次）。这是一种降维聚焦的详细分析方法。分析结果如图 8.12 所示。

```
Baidu Software Center   360 Browser     8       East China      192575
Baidu Software Center   360 Browser     9       East China      224610
Baidu Software Center   360 Browser     10      East China      77588
Baidu Software Center   Chrome  8       East China      6322540
Baidu Software Center   Chrome  9       East China      7348254
Baidu Software Center   Chrome  10      East China      2532372
Baidu Software Center   Firefox 8       East China      1572285
Baidu Software Center   Firefox 9       East China      1827372
Baidu Software Center   Firefox 10      East China      629766
Baidu Software Center   QQ Browser      8       East China      1375450
Baidu Software Center   QQ Browser      9       East China      1598334
Baidu Software Center   QQ Browser      10      East China      550764
```

图 8.12　切片分析结果

2. 切块（Dice）

其 HQL 语句格式为：

```
Select 观察字段,（Amount_of_Download）
From 字段来源表
Where 外键连接条件 and（投影条件 1 or 投影条件 2 or .....）
Group by 观察字段
Order by 观察字段
```

具体实例如下：

```
Select Platform_name, Software_name, Month, Area_name, sum
(Amount_of_ Download)
From  DownloadFact, Area, Platform, Software, Time
Where DownloadFact.Platform_key = Platform.Platform_key   and
    DownloadFact.Software_key = Software.Software_key     and
    DownloadFact.Time_key = Time.Time_key                 and
    DownloadFact.Area_key = Area.Area_key                 and
    (Software.Software_name = "Chrome"                    or
    Software.Software_name = "360 Browser")               and
    (Area.Area_name = "East China"                        or
    Area.Area_name = "South China")
Group by Platform_name, Software_name, Month, Area_name
Order by Platform_name, Software_name, Month, Area_name
```

在上述实例中，观察字段、字段来源表、外键连接条件均与 Slice 操作类似，这里的软件维度投影条件为 DownloadFact.Software_name= "Chrome" 与 DownloadFact.Software_name="360 Browser"，下载地域维度选择了“East China”和“South China”，并没有降维。分析结果如图 8.13 所示。

```
2345 Software Center    360 Browser     8       East China      4416235
2345 Software Center    360 Browser     8       South China     3864201
2345 Software Center    360 Browser     9       East China      5128542
2345 Software Center    360 Browser     9       South China     4487420
2345 Software Center    360 Browser     10      East China      1767908
2345 Software Center    360 Browser     10      South China     1546922
2345 Software Center    Chrome  8       East China      4185610
2345 Software Center    Chrome  8       South China     3662380
2345 Software Center    Chrome  9       East China      4861860
2345 Software Center    Chrome  9       South China     4254108
2345 Software Center    Chrome  10      East China      1678228
2345 Software Center    Chrome  10      South China     1468437
Baidu Software Center   360 Browser     8       East China      192575
Baidu Software Center   360 Browser     8       South China     168479
Baidu Software Center   360 Browser     9       East China      224610
Baidu Software Center   360 Browser     9       South China     196544
Baidu Software Center   360 Browser     10      East China      77588
Baidu Software Center   360 Browser     10      South China     67909
Baidu Software Center   Chrome  8       East China      6322540
Baidu Software Center   Chrome  8       South China     5532222
Baidu Software Center   Chrome  9       East China      7348254
Baidu Software Center   Chrome  9       South China     6429706
Baidu Software Center   Chrome  10      East China      2532372
```

图 8.13 切块分析结果

3. 钻取（Roll up-Drill down）

钻取分为下钻和上卷，Hive 提供 ROLLUP 命令进行自动地向上聚集（获得高层次的聚合统计值）。HQL 语句如下：

```
Select 观察字段，sum（Amount_of_ Download）
From 字段来源表
Where 外键连接条件
Group by 聚集字段  with ROLLUP
```

观察字段、字段来源表、外键连接条件与上述说明类似不再赘述。聚集字段是观察字段，该语句会根据聚集字段属性出现的先后顺序进行聚集，排列在最后的字段最先进行聚集。具体实例如下：

```
Select Platform_name，Software_name，Area_name，Month，Day，
sum（Amount_of_ Download）
From DownloadFact，Area，Platform，Software，Time
Where DownloadFact.Platform_key = Platform.Platform_key    and
    DownloadFact.Software_key = Software.Software_key      and
    DownloadFact.Time_key = Time.Time_key                  and
    DownloadFact.Area_key = Area.Area_key                  and
    Software.Software_name = "Chrome"                      and
    Platform.Platform_name = "Baidu Software Center"
Group by Platform_name，Software_name，Area_name，Month，
Day with ROLLUP
```

上述 HQL 命令完成沿着 Day，Month，Area_name 层次进行 ROLL_UP，根据日期向月份聚集，再根据地区进行聚集，以此类推。上卷分析计算的部分结果如图 8.14 所示。

```
Baidu Software Center   Chrome  NULL     NULL      NULL    48609438
Baidu Software Center   Chrome  East China         NULL    NULL     16203166
Baidu Software Center   Chrome  East China         8       NULL     6322540
Baidu Software Center   Chrome  East China         8       1        203805
Baidu Software Center   Chrome  East China         8       2        203825
Baidu Software Center   Chrome  East China         8       3        203850
Baidu Software Center   Chrome  East China         8       4        203850
Baidu Software Center   Chrome  East China         8       5        203925
Baidu Software Center   Chrome  East China         8       6        203925
Baidu Software Center   Chrome  East China         8       7        203935
Baidu Software Center   Chrome  East China         8       8        203935
Baidu Software Center   Chrome  East China         8       9        203940
Baidu Software Center   Chrome  East China         8       10       203945
Baidu Software Center   Chrome  East China         8       11       203940
Baidu Software Center   Chrome  East China         8       12       203960
Baidu Software Center   Chrome  East China         8       13       203955
Baidu Software Center   Chrome  East China         8       14       203960
Baidu Software Center   Chrome  East China         8       15       203960
Baidu Software Center   Chrome  East China         8       16       203960
Baidu Software Center   Chrome  East China         8       17       203960
Baidu Software Center   Chrome  East China         8       18       203980
Baidu Software Center   Chrome  East China         8       19       203980
Baidu Software Center   Chrome  East China         8       20       203980
```

图 8.14 上卷（Roll up）分析结果

从分析结果中看到，在 8 月份“Baidu Software Center”平台下“Chrome”软件在“East China”每天的下载量分别为 203 805，203 825，203 850 等。按照“Day”聚集后为 6 322 540，再根据月份进行聚集后为 16 203 166，再按照地区维度聚集为 48 609 438。最后，所有地区，8，9，10 三个月“Chrome”软件在“Baidu Software Center”平台的总下载次数为 48 609 438 次。

4. 旋转（Pivot）

Pivot 是以不同的维度去观察数据，可获得不同角度观察的知识。HQL 语句实现的方式主要是改变 Order by 与 Group by 中待分析属性的顺序。

例如，首先观察以各个地区为主的数据下载情况。为使分析结果简洁直观，又针对"Chrome"和"Baidu Software Center"进行一次切片。若想要展示所有软件和下载平台，删掉该条件即可。查询语句如下：

```
Select Software_name, Platform_name, Area_name, Month, sum
(Amount_of_ Download)
From  DownloadFact, Area, Platform, Software, Time
Where DownloadFact.Platform_key = Platform.Platform_key   and
    DownloadFact.Software_key = Software.Software_key     and
    DownloadFact.Time_key = Time.Time_key                  and
    DownloadFact.Area_key = Area.Area_key                  and
    Software.Software_name = "Chrome"                      and
    Platform.Platform_name = "Baidu Software Center"
Group by Software_name, Platform_name, Area_name, Month
Order by Software_name, Platform_name, Area_name, Month
```

分析结果如图 8.15 所示。

```
Chrome  Baidu Software Center  Central China  8   3951547
Chrome  Baidu Software Center  Central China  9   4592654
Chrome  Baidu Software Center  Central China  10  1582736
Chrome  Baidu Software Center  East China     8   6322540
Chrome  Baidu Software Center  East China     9   7348254
Chrome  Baidu Software Center  East China     10  2532372
Chrome  Baidu Software Center  South China    8   5532222
Chrome  Baidu Software Center  South China    9   6429706
Chrome  Baidu Software Center  South China    10  2215830
Chrome  Baidu Software Center  Southwest      8   3161234
Chrome  Baidu Software Center  Southwest      9   3674151
Chrome  Baidu Software Center  Southwest      10  1266192
```

图 8.15　旋转前分析结果

从分析结果中可以看到，字段排序与 Group by，Order by 语句后的字段顺序一致。旋转之后的 HQL 语句如下：

```
Select Software_name，Platform_name，Month，Area_name，sum
( Amount_of_ Download )
From  DownloadFact，Area，Platform，Software，Time
    Where DownloadFact.Platform_key=Platform.Platform_key and
    DownloadFact.Software_key = Software.Software_key       and
    DownloadFact.Time_key = Time.Time_key                   and
    DownloadFact.Area_key = Area.Area_key                   and
    Software.Software_name="Chrome"                         and
    Platform.Platform_name = "Baidu Software Center"
Group by Software_name，Platform_name，Month，Area_name
Order by Software_name，Platform_name，Month，Area_name
```

旋转后，观察以时间维度属性“月份”为主的软件下载情况，如图 8.16 所示。

```
Chrome  Baidu Software Center  8   Central China  3951547
Chrome  Baidu Software Center  8   East China     6322540
Chrome  Baidu Software Center  8   South China    5532222
Chrome  Baidu Software Center  8   Southwest      3161234
Chrome  Baidu Software Center  9   Central China  4592654
Chrome  Baidu Software Center  9   East China     7348254
Chrome  Baidu Software Center  9   South China    6429706
Chrome  Baidu Software Center  9   Southwest      3674151
Chrome  Baidu Software Center  10  Central China  1582736
Chrome  Baidu Software Center  10  East China     2532372
Chrome  Baidu Software Center  10  South China    2215830
Chrome  Baidu Software Center  10  Southwest      1266192
```

图 8.16　旋转后分析结果

5. 移动平均与移动和（Moving average and Moving sum）

Moving average 和 Moving sum 均是对预设置的行进行计算，能够对数据进行降噪平滑处理。例如，在零售业销售分析中，按季度的移动平均计算可以降低因季节更迭带来的销售变化影响，从而展示更准确的销售状况。

通过 HQL 的 avg 与 sum 关键词实现移动平均与移动和的计算。下面介绍一个例子，在“Baidu Software Center”平台下，计算“Chrome”软件在“East China”地区 8 月份按天的移动平均值，这里设置的移动窗口阈值为 7 天，移动步长为 1 天。由于 8 月 1 日至 8 月 6 日的移动窗口不足 7 天，所以它们的移动平均值为 0。8 月其他日期的移动平均值计算方法为：

8 月 7 日的移动平均值 =（8 月 1 日下载量+8 月 2 日下载量+…+8 月 7 日下载量）/7

8 月 8 日的移动平均值 =（8 月 2 日下载量+8 月 3 日下载量+…+8 月 8 日下载量）/7

以此类推。HQL 查询语句为：

```
Select  Platform_name,Area_name,Software_name,t1.Month,t1.Day,
if（t1.Day >= 7，avg（Amount_of_ Download），0）
From  DownloadFact，Time t1，Time t2，Platform，Area，Software
Where DownloadFact.Platform_key = Platform.Platform_key  and
    DownloadFact.Area_key = Area.Area_key  and
    DownloadFact.Software_key = Software.Software_key  and
    DownloadFact.Time_key = t2.Time_key  and
    t2.Month='8' and t1.Month = '8'  and
    t2.Day >= （t1.Day - 6） and t2.Day <= t1.Day  and
    Platform.Platform_name ="Baidu Software Center"  and
    Area.Area_name="East China" and Software.Software_name="Chrome"
Group by Platform_name，Area_name，Software_name，t1.Month，t1.Day
Order by Platform_name,Area_name,Software_name,t1.Month,t1.Day
```

部分计算结果如图 8.17 所示。

```
Baidu Software Center   East China   Chrome  8   1    0.0
Baidu Software Center   East China   Chrome  8   2    0.0
Baidu Software Center   East China   Chrome  8   3    0.0
Baidu Software Center   East China   Chrome  8   4    0.0
Baidu Software Center   East China   Chrome  8   5    0.0
Baidu Software Center   East China   Chrome  8   6    0.0
Baidu Software Center   East China   Chrome  8   7    203873.57142857142
Baidu Software Center   East China   Chrome  8   8    203892.14285714287
Baidu Software Center   East China   Chrome  8   9    203908.57142857142
Baidu Software Center   East China   Chrome  8   10   203922.14285714287
Baidu Software Center   East China   Chrome  8   11   203935.0
Baidu Software Center   East China   Chrome  8   12   203940.0
Baidu Software Center   East China   Chrome  8   13   203944.2857142857
Baidu Software Center   East China   Chrome  8   14   203947.85714285713
Baidu Software Center   East China   Chrome  8   15   203951.42857142858
Baidu Software Center   East China   Chrome  8   16   203954.2857142857
Baidu Software Center   East China   Chrome  8   17   203956.42857142858
Baidu Software Center   East China   Chrome  8   18   203962.14285714287
Baidu Software Center   East China   Chrome  8   19   203965.0
Baidu Software Center   East China   Chrome  8   20   203968.57142857142
Baidu Software Center   East China   Chrome  8   21   203971.42857142858
Baidu Software Center   East China   Chrome  8   22   203975.7142857143
Baidu Software Center   East China   Chrome  8   23   203978.57142857142
Baidu Software Center   East China   Chrome  8   24   203983.57142857142
Baidu Software Center   East China   Chrome  8   25   203985.0
Baidu Software Center   East China   Chrome  8   26   203986.42857142858
Baidu Software Center   East China   Chrome  8   27   203990.0
Baidu Software Center   East China   Chrome  8   28   203992.85714285713
Baidu Software Center   East China   Chrome  8   29   203994.2857142857
Baidu Software Center   East China   Chrome  8   30   204000.0
Baidu Software Center   East China   Chrome  8   31   204003.57142857142
```

图 8.17 移动平均分析结果

移动求和与移动平均类似，在 HQL 中，将 avg 替换成 sum 即可。其计算方法为不足移动窗口阈值的日期其下载量求和为 0,其他日期移动求和值等于移动窗口内日期的下载量之和。实现了一定程度的平滑去噪。

6. 分级（Rank）

Rank 实现对下载量进行分级,可通过 if 条件实现,HQL 语句实例如下：

```
Select Platform_name，Software_name，Area_name，Month，sum
(Amount_of_ Download),
    if (sum (Amount_of_ Download) >5827737, 1, (
    if (sum (Amount_of_ Download) >4307222, 2,
    if (sum (Amount_of_ Download) >2786707, 3, 4))))
From  DownloadFact, Software, Platform, Time, Area
Where DownloadFact.Platform_key = Platform.Platform_key  and
    DownloadFact.Software_key = Software.Software_key    and
    DownloadFact.Time_key = Time.Time_key                and
    DownloadFact.Area_key = Area.Area_key                and
    Software.Software_name = "Chrome"                    and
    Platform.Platform_name = "Baidu Software Center"
Group by Platform_name, Software_name, Area_name, Month
Order by Platform_name, Software_name, Area_name, Month
```

if 条件语句主要是对分级标准进行设置，这里下载量大于 5 827 737 为级别 1，大于 4 307 222 且小于等于 5 827 737 为级别 2，大于 2 786 707 且小于等于 4 307 222 为级别 3，其余的为 4。该阈值可在 HQL 语句中设置，为使结果简洁直观，本例中的阈值由下载量四等分得到。上述 HQL 实现了对“Chrome”软件在“Baidu Software Center”平台各月份各地区的总下载量的分级，1 级最高，4 级最低。分析结果如图 8.18 所示。

```
Baidu Software Center   Chrome  Central China   8       3951547 3
Baidu Software Center   Chrome  Central China   9       4592654 2
Baidu Software Center   Chrome  Central China   10      1582736 4
Baidu Software Center   Chrome  East China      8       6322540 1
Baidu Software Center   Chrome  East China      9       7348254 1
Baidu Software Center   Chrome  East China      10      2532372 4
Baidu Software Center   Chrome  South China     8       5532222 2
Baidu Software Center   Chrome  South China     9       6429706 1
Baidu Software Center   Chrome  South China     10      2215830 4
Baidu Software Center   Chrome  Southwest       8       3161234 3
Baidu Software Center   Chrome  Southwest       9       3674151 3
Baidu Software Center   Chrome  Southwest       10      1266192 4
```

图 8.18　分级分析结果

可以看到在 8 月份，“Chrome”软件在“Baidu Software Center”平台下的“Central China”地区的总下载量为 3 951 547，其分级结果为 3，即说明其总下载量大于 2 786 707 且小于 4 307 222。同理，该软件 8 月在“East China”地区的总下载量分级结果为 1，即说明其下载量大于 5 827 737。

7. 交叉报表（Crosstab）

交叉报表常常被用于揭示变量之间的相互关系，它采用二维表的方式聚集（统计）或关联显示 2 个及以上度量值的分布。在 HQL 中通过改变 ROLLUP 聚集字段的顺序来实现。

表 8.7 关联显示了从时间与地区两个维度观察的下载量数据，每行代表一个月份，每列代表一个地区，Total 是某行或某列的小计，两个 total 交叉的单元是针对时间与地区的总计。

表 8.7　交叉表样例说明

Time	Area				
	East China	Southwest	Central China	South China	Total
8（月）					
9（月）					
10（月）					
Total					

为使分析结果简洁直观，可针对“Chrome”“Baidu Software Center”进行一次切片。若想要展示所有软件和下载平台，删掉该条件即可。从“月份”时间角度观察的查询语句如下：

```
Select Software_name, Platform_name, Month, Area_name, sum
(Amount_of_ Download)
From DownloadFact, Area, Platform, Software, Time
Where DownloadFact.Platform_key = Platform.Platform_key     and
      DownloadFact.Software_key = Software.Software_key     and
      DownloadFact.Time_key = Time.Time_key                 and
      DownloadFact.Area_key = Area.Area_key                 and
      Software.Software_name = "Chrome"                     and
      Platform.Platform_name = "Baidu Software Center"
Group by Software_name, Platform_name, Month, Area_name with ROLLUP
```

分析结果如图 8.19 所示。

```
Chrome  Baidu Software Center  NULL  NULL  48609438
Chrome  Baidu Software Center  8     NULL  18967543
Chrome  Baidu Software Center  8     Central China  3951547
Chrome  Baidu Software Center  8     East China     6322540
Chrome  Baidu Software Center  8     South China    5532222
Chrome  Baidu Software Center  8     Southwest      3161234
Chrome  Baidu Software Center  9     NULL  22044765
Chrome  Baidu Software Center  9     Central China  4592654
Chrome  Baidu Software Center  9     East China     7348254
Chrome  Baidu Software Center  9     South China    6429706
Chrome  Baidu Software Center  9     Southwest      3674151
Chrome  Baidu Software Center  10    NULL  7597130
Chrome  Baidu Software Center  10    Central China  1582736
Chrome  Baidu Software Center  10    East China     2532372
Chrome  Baidu Software Center  10    South China    2215830
Chrome  Baidu Software Center  10    Southwest      1266192
```

图 8.19 命令行方式的“月份”角度分析结果

再从地区的角度观察软件下载量及聚集结果。查询语句如下：

```
Select Software_name, Platform_name, Area_name, Month, sum
(Amount_of_ Download)
From  DownloadFact, Area, Platform, Software, Time
Where DownloadFact.Platform_key = Platform.Platform_key  and
    DownloadFact.Software_key = Software.Software_key  and
    DownloadFact.Time_key = Time.Time_key  and
    DownloadFact.Area_key = Area.Area_key  and
    Software.Software_name = "Chrome"  and
    Platform.Platform_name = "Baidu Software Center"
Group by Software_name,Platform_name,Area_name,Month with ROLLUP
```

分析结果如图 8.20 所示。

```
Chrome  Baidu Software Center  NULL  NULL  48609438
Chrome  Baidu Software Center  Central China  NULL  10126937
Chrome  Baidu Software Center  Central China  8     3951547
Chrome  Baidu Software Center  Central China  9     4592654
Chrome  Baidu Software Center  Central China  10    1582736
Chrome  Baidu Software Center  East China     NULL  16203166
Chrome  Baidu Software Center  East China     8     6322540
Chrome  Baidu Software Center  East China     9     7348254
Chrome  Baidu Software Center  East China     10    2532372
Chrome  Baidu Software Center  South China    NULL  14177758
Chrome  Baidu Software Center  South China    8     5532222
Chrome  Baidu Software Center  South China    9     6429706
Chrome  Baidu Software Center  South China    10    2215830
Chrome  Baidu Software Center  Southwest      NULL  8101577
Chrome  Baidu Software Center  Southwest      8     3161234
Chrome  Baidu Software Center  Southwest      9     3674151
Chrome  Baidu Software Center  Southwest      10    1266192
```

图 8.20 命令行方式的“地区”角度分析结果

8.3.2 OLAP 分析结果可视化界面设计

OLAP 可视化的实现机制是通过 Java 程序连接 Hive 数据仓库[5]，传入 HQL 语句，得到分析结果，将结果传到前端 Web 页面，实现图表结果的可视化。这里涉及的技术主要有 Tomcat、Java script、Json 的传输、Hive 连接、HQL 语句及前端图表库 ECharts。

1. Hive 连接

本实践项目的开发环境为虚拟机下的 Ubuntu 系统，开发工具为 Eclipse。首先创建一个 Tomcat 的动态 Web 工程，给工程添加必要的包之后，必须添加连接 Hive 数据仓库的工具包，即 fastjson-1.2.8.jar，ezmorph-1.0.4.jar，httpclient-4.4.jar，mysql-connector-java- 5.1.45-bin.jar，hadoop-common-2.6.5.jar，hive-jdbc-1.2.1.jar，hive-service-1.2.1.jar，hive-exec-1.2.1.jar，hive-metastore-1.2.1.jar。

配置好工程环境后，通过工具类 ConnectSQL，BaseDao 连接 Hive 数据仓库。应用 ConnectSQL 设置参数：被连接的 Hive 数据仓库的库名、元数据库 MySQL 的用户名及密码。ConnectSQL 的核心代码如下：

```
import java.sql.Connection;
import java.sql.DriverManager;
import java.sql.ResultSet;
import java.sql.SQLException;
import java.sql.Statement;

public class ConnectSQL {
public static Connection getConnection ( ) {//连接 Hive
Connection connection=null;
 try{Class.forName ( "org.apache.hive.jdbc.HiveDriver" );
    connection=DriverManager.getConnection( "jdbc:hive2://localhost:
    10000/SW", "root", "123456" );
    //设置连接 Hive 的驱动及库名、用户名及密码
    }
    catch ( Exception e ) {e.printStackTrace ( ); }
    return connection;
}
```

（续）

```
public static void disconnection（Connection connection）{//关闭资源
  try{connection.close（）; }
  catch（Exception e）{e.printStackTrace（）; }
}
```

BaseDao 工具类实现对 Hive 语句查询的封装，核心代码如下：

```
public class BaseDao {
public static List<Map<String, Object>> findList（String sql,
String...strings）{
  List<Map<String, Object>> list = new ArrayList<Map<String,
  Object>>（）;
  Connection conn = null;
  PreparedStatement pstmt = null;
  ResultSet rs = null;
  conn = ConnectSQL.getConnection（）;
  try {
    pstmt = conn.prepareStatement（sql）;
    if（strings!=null）{
      for（int i = 0; i < strings.length; i++）{
        pstmt.setObject（i + 1, strings[i]）; }}
    rs = pstmt.executeQuery（）;
    //解析结果集
    while（rs.next（））{list.add（toEntity（rs））; }
    } catch（SQLException e）{e.printStackTrace（）; }
    finally{ConnectSQL.disconnection（conn）; }
    return list;
}
public static void main（String[] args）throws SQLException {
    String sql=" select * from DownloadFact";
    List<Map<String, Object>> lists=BaseDao.findList（sql）;
    List<Fact> Facts = new ArrayList<Fact>（）;
    for（int i=0; i<lists.size（）; i++）{System.out.println（lists.get
      （i））; }
}}
```

上面的程序中，main 方法中提供了一种调用方式，即直接把 HQL 语句作为字符串参数传入 BaseDao 类中 findList 方法，即可得到一个 List 类型的结果，其中每一个成员为一个 Map 类型的对象，结果如图 8.21 所示。

```
<terminated> BaseDao (2) [Java Application] /opt/java/jdk1.7.0_79/bin/java (2019-1-22 下午05:26:02)
{downloadfact.software_key=0002, downloadfact.area_key=04, downloadfact.software_mark=8.600000381469727, downloadfact.download_w
{downloadfact.software_key=0005, downloadfact.area_key=03, downloadfact.software_mark=9.100000381469727, downloadfact.download_w
{downloadfact.software_key=0008, downloadfact.area_key=02, downloadfact.software_mark=10.0, downloadfact.download_website=http:/
{downloadfact.software_key=0006, downloadfact.area_key=01, downloadfact.software_mark=8.800000190734863, downloadfact.download_we
{downloadfact.software_key=0001, downloadfact.area_key=03, downloadfact.software_mark=8.5, downloadfact.download_website=http://v
{downloadfact.software_key=0004, downloadfact.area_key=04, downloadfact.software_mark=7.400000095367432, downloadfact.download_we
{downloadfact.software_key=0011, downloadfact.area_key=04, downloadfact.software_mark=7.400000095367432, downloadfact.download_we
{downloadfact.software_key=0009, downloadfact.area_key=01, downloadfact.software_mark=7.099999904632568, downloadfact.download_we
Writable    Smart Insert    153:9
```

图 8.21　Hive 连接测试

2. OLAP 分析结果可视化的 Web 页面设计

本实践项目可视化主要在 Web 页面上实现，如图 8.22 所示。

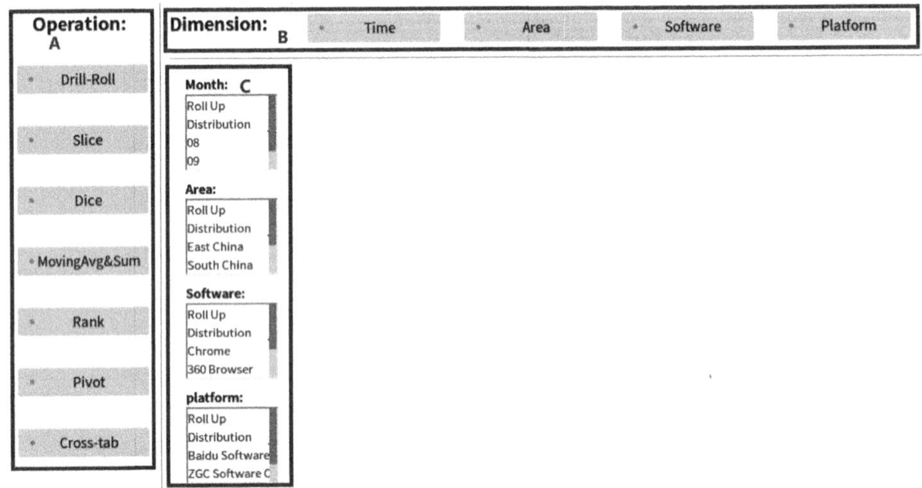

图 8.22　可视化展示的 Web 页面

页面中主要有 3 个区域进行选择操作：

（1）A 区域：设置 OLAP 的操作类型。本系统提供了下钻和上卷（Drill down-Roll up）、切片（Slice）、切块（Dice）、移动平均与移动求和（Moving Avg & Sum）、分级（Rank）、旋转（Pivot）和交叉报表（Crosstab）功能。

（2）可视化 OLAP 分析结果无法同时展示所有的维度。B 区域则表示图表重点展示的维度，如图 8.23 所示。

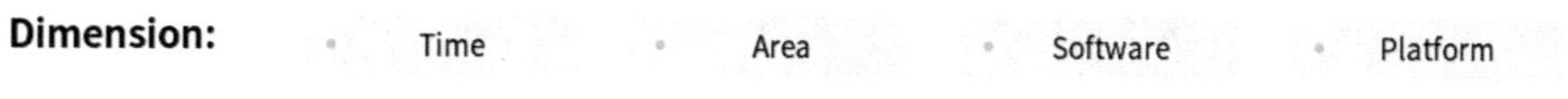

Dimension:　　• Time　　• Area　　• Software　　• Platform

图 8.23　页面操作区域

（3）C 区域：选择各个维度的属性值。如时间维度主要关注月属性，取值为 8（August），9（September），10 月（October）。RollUP 表示对该维度进行聚集，Distribution 表示对该维度的值不进行投影或者聚集操作。

8.3.3　OLAP 分析结果可视化展示

本节的 OLAP 分析计算与 8.3.1 节的内容一致，区别在于本节实现了基于 Web 编程的 OLAP 分析结果图形化展示。

1. 钻取（Drill down-Roll up）

本次 OLAP 的钻取操作主要是针对时间维度与地域维度，从图 8.24 中可以看到选择的操作为钻取，时间维度为月属性，选择 Distribution 表示将该月属性的值全部展示，即 8，9，10 三个月。地区维度为“East China”，软件维度为“Chrome”，平台维度为“Baidu Software Center”。图 8.24 展示了在百度软件中心平台上 Chrome 浏览器在 8，9，10 三个月中华东地区的下载量。

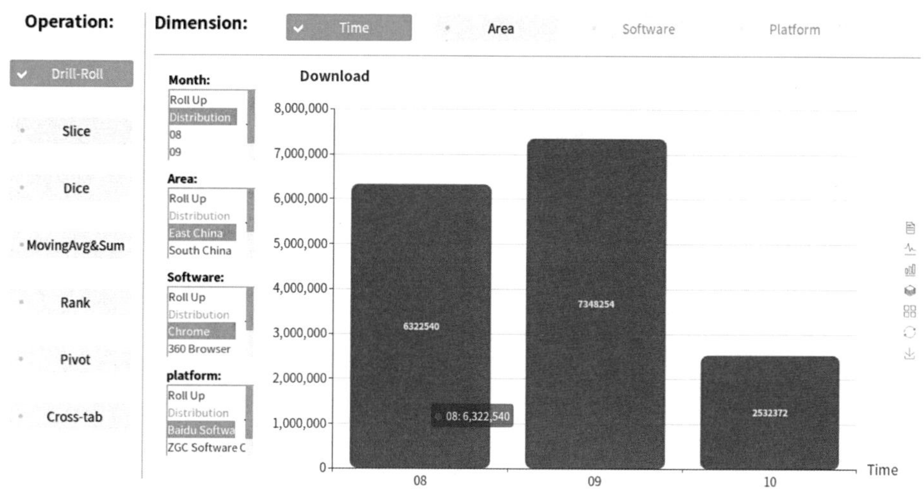

图 8.24　从“日”上卷到“月”的分析结果

点击 8 月的柱状图，则得到如图 8.25 所示的结果，表示进行下钻分析工作。图 8.25 表示在华东地区，在百度软件中心平台上，8 月份具体到每天的 Chrome 浏览器软件的下载量。从图 8.24 到图 8.25 表示了一个下钻的过程，从图 8.25 到图 8.24 即为上卷的过程。

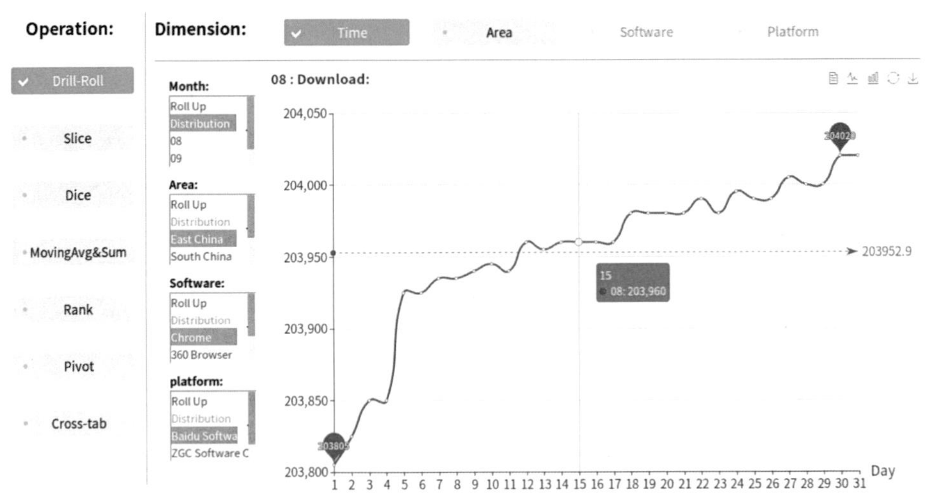

图 8.25　从“月”下钻到“日”的分析结果

2. 切片（Slice）

Slice 操作中，可直接在维度值选择区域内，设置各个维度的属性取值。例如，选择地区维度与平台维度，属性值为“East China”“Baidu Software Center”，展示的结果为在华东地区，各个软件在百度软件中心 8，9，10 三个月的下载量，如图 8.26 所示。

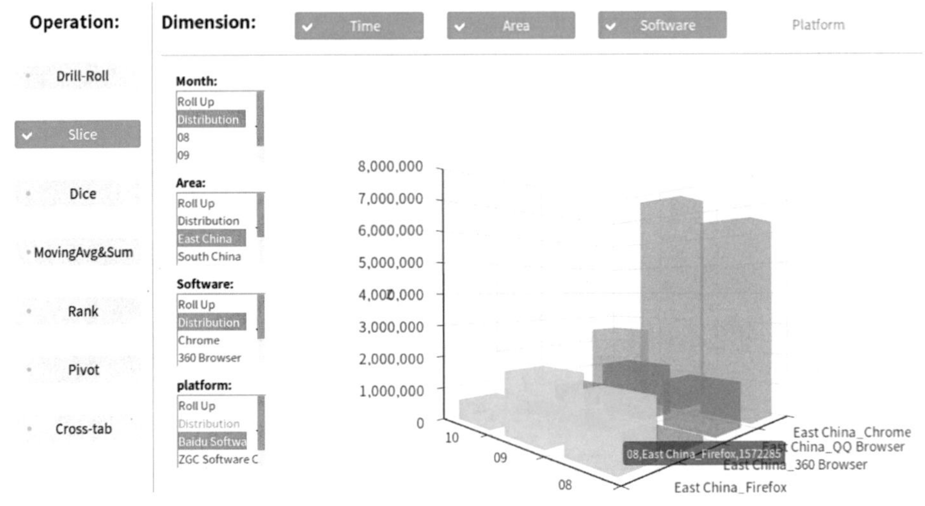

图 8.26　切片可视化结果一

又例如，当选择下载的浏览器软件是“Chrome”，平台维度是“Baidu

Software Center”时，展示时间维度与地区维度下的分析结果，如图 8.27 所示。

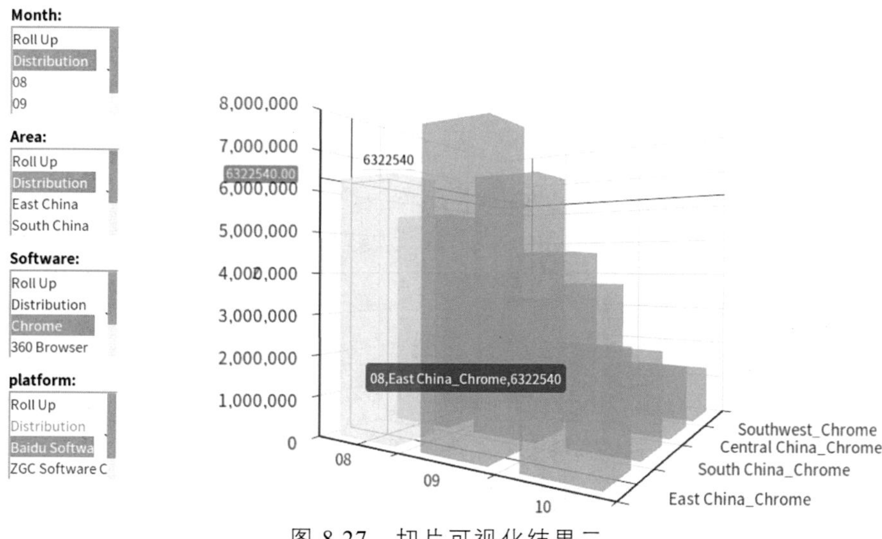

图 8.27　切片可视化结果二

3. 切块（Dice）

Dice 与 Slice 类似，直接在维度值选择区域内设置维度属性取值，不同之处在于属性取区间值，或者有两个以上的值。图 8.28 表示地区维中地区名属性选择“East China”与“South China”，下载软件名为“Chrome”和“360 Browser”。图中不同的颜色表示不同的软件，不同的柱状表示地区，横坐标表示时间，纵坐标表示下载量。

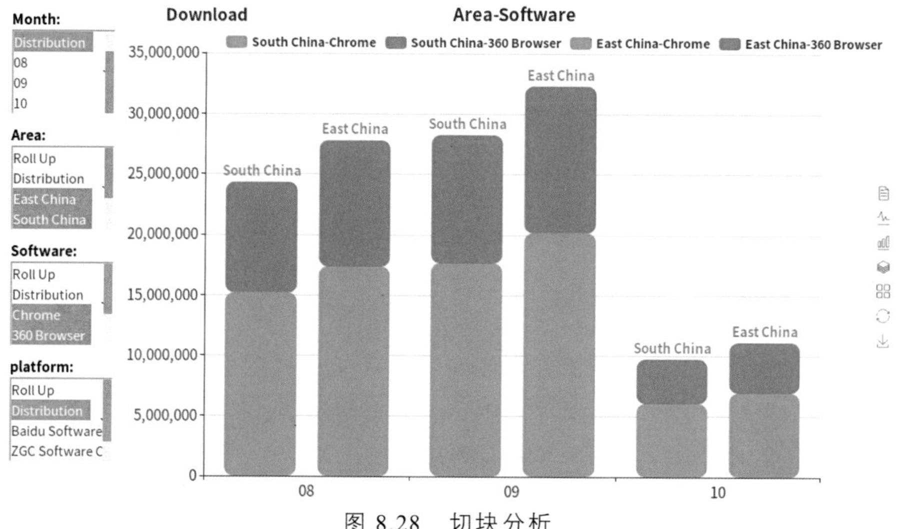

图 8.28　切块分析

点击每个柱状部分，得到如图 8.29 所示的结果，右侧的饼图表示了该柱状在各个平台下载的情况。

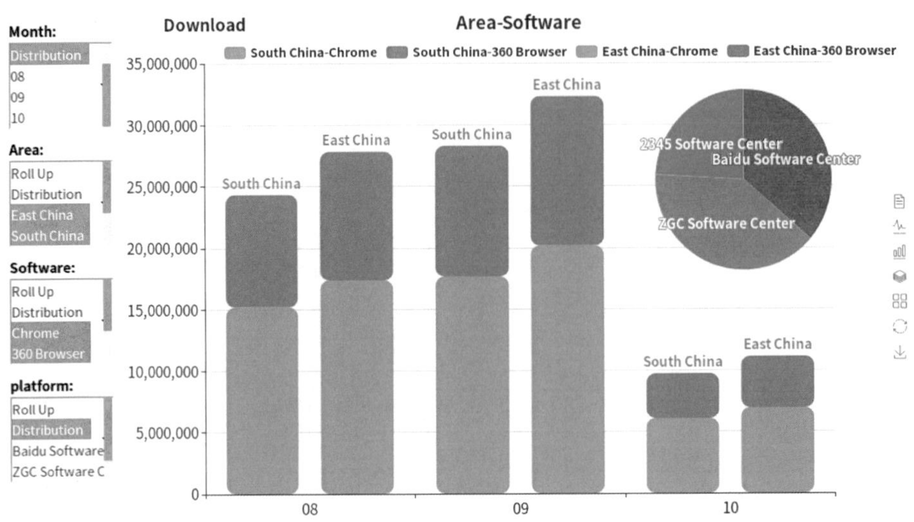

图 8.29　在切块分析结果中平台维度的细节展示

4. 移动平均与移动和（Moving average and Moving sum）

移动平均与移动和是以时间维度为主线的分析。例如，分析“East China”地区，“Chrome”浏览器在“Baidu Baidu Software Center”8 月份每天的下载量、移动和、移动平均值。移动窗口阈值默认为 7 天，横坐标为具体日期，纵坐标为下载量，红色柱状为每天实际的下载量，黑色的折线为移动和（从非零值始），灰绿色的折线为移动平均值（从非零值始），分析结果如图 8.30 所示。从图中可见，移动平均/移动和的平滑去噪效果好，去除了不相关因素的干扰。

5. 分级（Rank）

图 8.31 中，软件维度属性值为“Chrome”，平台属性为“Baidu Software Center”。横坐标表示时间维，颜色表示不同的地区。图 8.31 实现四分级，分级标准：等级 4 小于{最小值+（最大值-最小值）*1/4}；等级 3 小于{最小值+（最大值-最小值）*2/4}，且大于等级 4 的阈值；等级 2 小于{最小值+（最大值-最小值）*3/4}，且大于等级 3 的阈值；等级 1 为大于等级 2 的阈值。阈值分别为 2 786 707，4 307 222，5 827 737。图 8.31 可直观地展示 Chrome 浏览器在百度软件中心平台下各个地区各个月份下载量的分级情况。

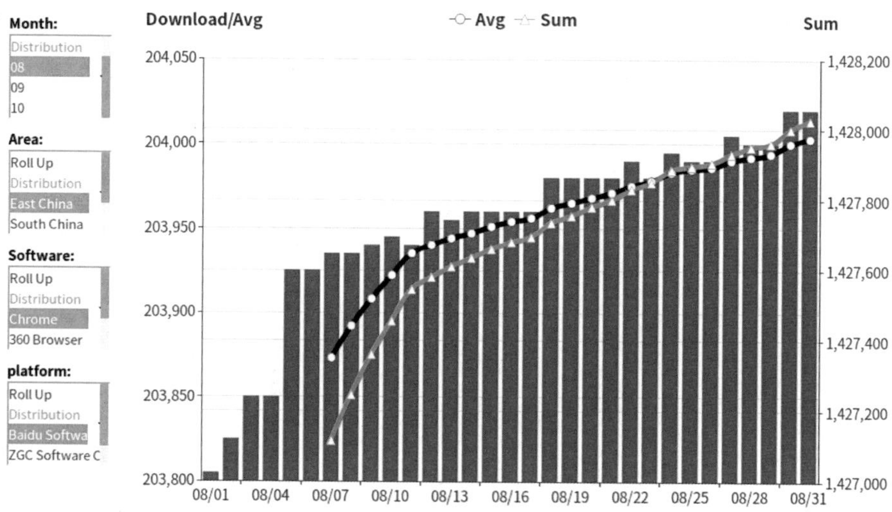

图 8.30　移动平均可视化结果

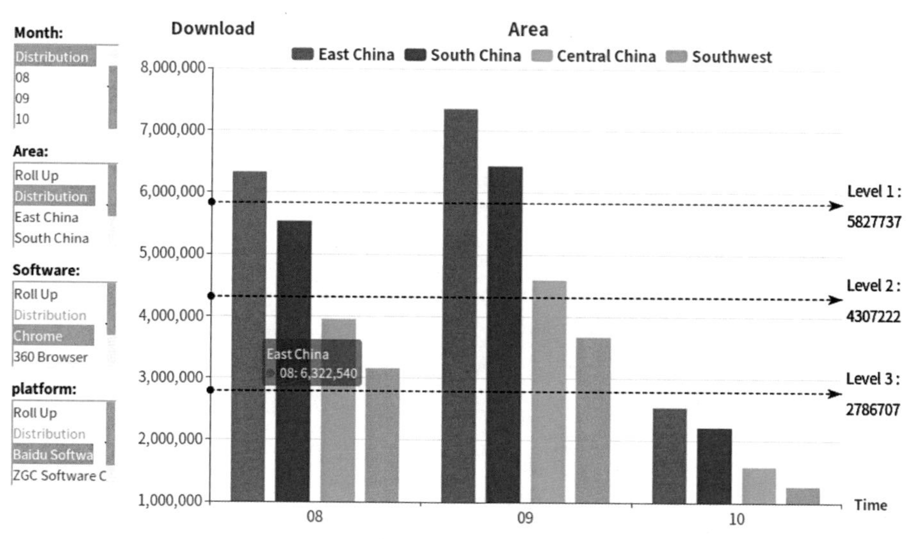

图 8.31　分级可视化结果

6. 旋转（Pivot）

Pivot 操作选择时间维度与地区维度进行多视角变换。以“Chrome”在“Baidu Software Center”平台的下载情况为例。横坐标为地区，颜色表示时间，纵坐标表示下载量，分析结果如图 8.32 所示。

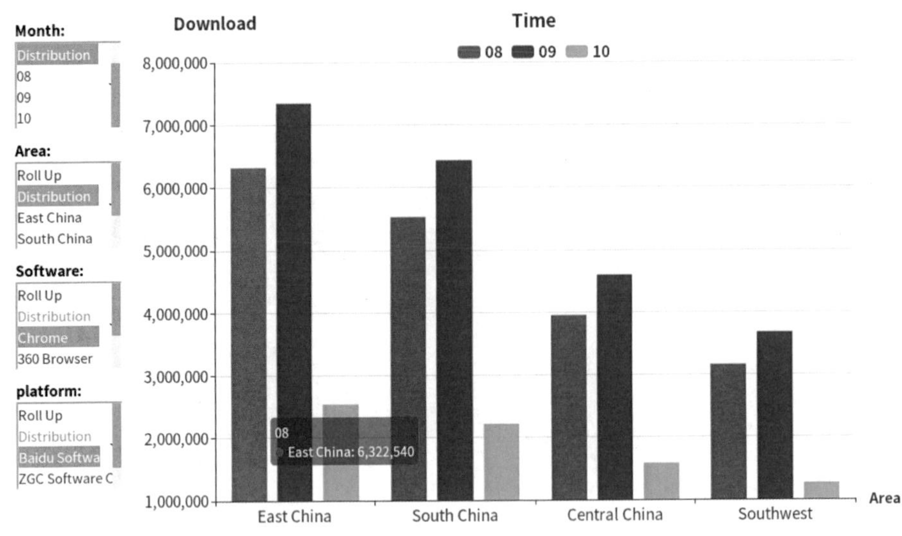

图 8.32 以“地区”维为视角的分析

点击图表，即可得到旋转之后的结果，如图 8.33 所示。横坐标表示时间，颜色表示地区，这里的时间维度与地区维度进行了转换。

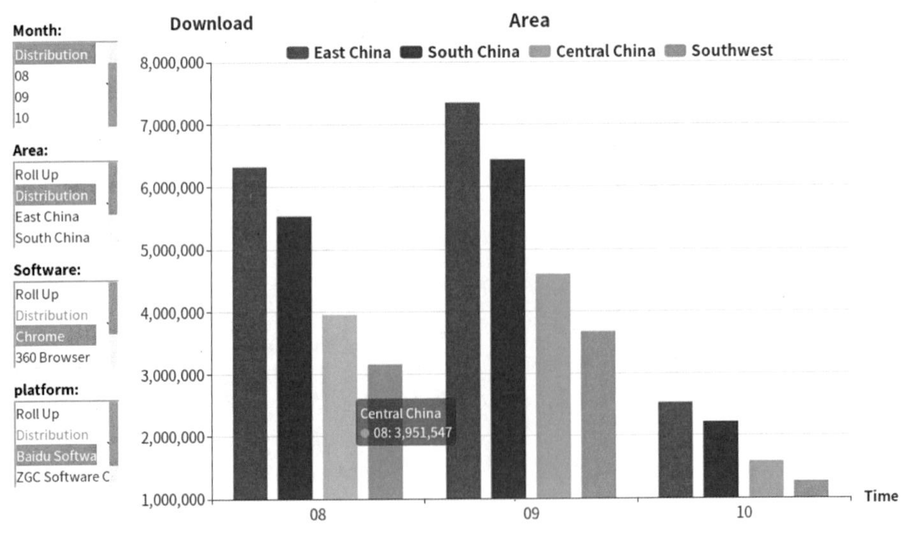

图 8.33 旋转后以“时间”维为视角的分析

7. 交叉报表（Crosstab）

交叉报表实现对两个维度分别进行小计和总计的分析。例如，在“Baidu Software Center”平台下，“Chrome”在 8，9，10 三个月份中各个地区的下载次数和小计，同时展示了在该平台下，该软件在华东、华南、华中、西南四个地区内各个月份的下载次数和小计，以及最后的总计状态，如图 8.34 所示。

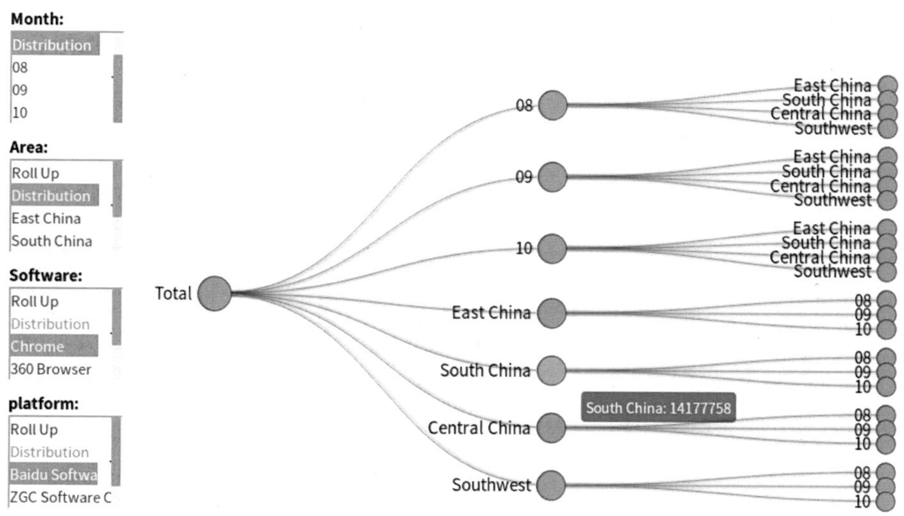

图 8.34　交叉表可视化结果

参考资料

[1] Hussien Shahata,Mohamed Khafagy,Fatma Omara. Optimizing Join in HIVE Star Schema Using Key/Facts Indexing. IETE Technical Review, 2017,35(2):1-12.

[2] 郑文青. 基于Hadoop的大数据分布式集群平台搭建的研究[J]. 计算机产品与流通,2017(12):143.

[3] Language Manual-Apache Hive-Apache Software Foundation. https://cwiki.apache.org/confluence/display/Hive/LanguageManual.

[4] Zhi-cheng Zhao,Yi Jiang. An Efficient Join-Engine to the SQL Query Based on Hive with Hbase[C]. In:Proceedings of International Conference on Applied Science and Engineering,Innovation,China,2015(5):991-996.

[5] Edward Capriolo,Dean Wampler,Jason Rutberglen. HIVE编程指南[M]. 曹坤,译. 北京:人民邮电出版社,2013.

第 9 章　基于 HBase 的大数据管理系统开发与维护实践

【本章要点】

- ✧ 基于 HBase 的货物进口信息管理系统设计
- ✧ 系统所基于的体系结构与组件配置
- ✧ HBase 数据库实现
- ✧ 数据访问可视化展示

9.1　HBase 的适用场景

HBase 是非关系型大数据管理技术，基于 Hadoop 的 NoSQL，从而具有面向大数据 5V 特点的存储优势，具有强大的吞吐能力和扩展性。

传统关系数据库涉及多表联结查询及 Group by 或 Order by 等操作，在分布式系统高并发环境下，当数据量达到几千万甚至几亿级别时，一个 SQL 查询会达到分钟级别以上，效率低下；而 HBase 采用的是 Key/Value 的列式存储方式（数据即索引），即使数据海量，查询效率依然能满足通常的要求。此外，由于基于分布式文件系统，可以将数据分片放在不同的服务器上，进一步增加高并发能力，减少了负载压力。

由于 HBase 简单的存储方式，它不支持 Group by，Order by 等操作，不擅长数据分析，只能借助 MapReduce 或协处理器（Coprocessor）来实现少量复杂查询，这不仅仅是 HBase 的不足，也是整个 NoSQL 生态圈的弱项。因此，HBase 等 NoSQL 数据库适合千万以上数据量并且需要高并发的应用环境。关于 HBase 和 NoSQL 的深入讨论可以参考技术篇的 3.3 节和第 4 章。

9.2 进口货物记录 HBase 系统设计

9.2.1 数据集简介与需求分析

本实践项目采用 Enigma Public 上的一个公开数据集作为源数据，该数据是关于 Aigoods 地区在 2015 年 5 月到 9 月间的各港口进口信息，数据量约为 400 万条记录。有相关属性，例如：customs_tariff_heading（关税号）、description_of_goods（货物描述）、quantity_desc（数量单位）、quantity（数量）、value_of_goods_in_rb（货物价值）、location_state（港口所在州）、location_code（港口代码）、location_name（港口名称）、port_or_country_of_origin（进口来源国家）、date（日期）、serialID（序号）。

本章将完整展示基于 HBase 实现一个港口货物进口记录管理系统，讨论如何应用 HBase-NoSQL 技术完成大数据管理和查询任务。应用需求主要有进口记录数据库维护管理、记录查询、数据统计分析。在记录维护管理模块中，设计 UI 界面，添加、修改和删除数据；在查询与统计分析模块中，实现简单条件查询、组合条件查询、模糊查询、统计等多种处理任务。

9.2.2 系统架构与概要设计

1. 系统 B/S 架构

本系统 B/S 架构如图 9.1 所示。后端由数据库 HBase 及它所基于的分布式文件系统 HDFS 构成，客户端通过 Web 和 Java 服务器与后端通信，HBase 的 Java API 实现前、后端的交互。

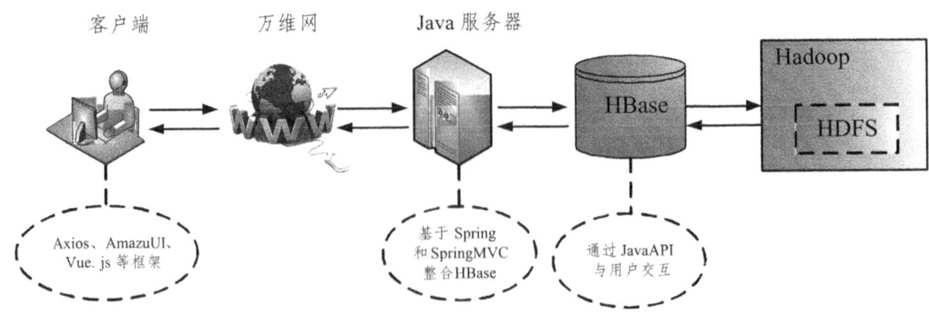

图 9.1 系统架构

2. HBase 数据库模型设计

HBase 与传统的关系数据库不同，它是一个稀疏的、多维度的、排序的映射表。每张表都有一个列族集合，HBase 通过列族的概念来组织数据的物理存储。每行都有一个可排序的主键（主键之一的行键按字典顺序排列）和任意多个列。行和列所决定的单元中存储数据，数据类型是字节数组 byte[]。由于 HBase 的无模式特性，同一张表里的每一行数据都可以有截然不同的列。HBase 中所有数据库在更新时都有一个时间印标记，每一次更新都是一个新的版本，HBase 会保留一定数量的版本，客户端可以选择获取距离某个时间点最近的版本单元的值，或者一次获取所有版本单元的值。HBase 数据模型的详细讨论请参考技术篇的 4.2 节。

根据 HBase 上述特点设计本实践项目中的进口记录表，如表 9.1 所示。该表分为两个列族，列族 i 包含进口记录整体信息，列族 ci 包含货物相关信息。

表 9.1　进口记录数据表（Aigoods_import）

row key（行键）	Column Family（列族，CF）			
	i		ci	
Long.MaxValue – date（秒）+ customs_tariff_heading（8-digit）+serialID（10-digit）	location_state	港口所在州	quantity	数量
	location_name	港口名字	quantity_desc	数量单位
	port_or_country_of_origin	进口来源国	value_of_goods_in_rb	货物价值
	date	进口日期	description_of_good	货物描述
	location_code	港口代码		

由于 HBase 列式存储的特点，对行的实时数据统计速度慢，本项目设计一个统计表（见表 9.2），以加快分页查询等操作的速度，例如，使用表中的 count 列记录表中数据总行数，插入或删除数据的同时更新该列。或者使用协处理器等技术在服务器端设置触发操作，在进行全表查询时直接读取该列可以缩短查询时间。serialID 记录当前数据库中的最大行键值。如果在空数据库里添加数据，与记录总数（count）一样，但当向已有数据的数据库里添加数据，行键最大值和记录总数不一致，因此设计 serialID 可以

简化统计工作。在添加新数据时对该 ID 进行更新。

表 9.2　统计表设计（statistics）

Row Key（行键）	Column Family	
	cf	
ana_info	count	当前的记录总数
	serialID	当前的记录序号的最大值

3. 行键设计

Hbase 表的行键设计比较重要，因为它是 Hbase 的主要索引，仿照 SQL 数据库将其设为自增列是没有意义的。本项目的行键由三部分组成。第 1 部分是用 Java 中 Long 类型的最大值减去 date 属性，这里的 date 已经转换为毫秒形式。这样的处理方式可以在数据插入的时候能自动调整行的顺序，以便在后面的查询时按时间倒序显示。第 2 部分是 customs_tariff_heading（关税号），由于它在源数据集中的随机性，可以配合日期字段起到类似 Hash 散列的作用，在数据插入时可避免一定程度的数据热点问题。第 3 部分是记录本身的 ID 字段，该部分用来保证行键的唯一性。但由于 HBase 按字典顺序存储，需要保证行键长度相同。若不同则会出现不论前两个部分的顺序如何，以字段 a 为行键的记录始终排在以字段 b 为行键的记录前面的情况。通过在 ID 尾部补 0，以保证行键长度相同。本系统数据量在百万级别，补齐 10 位足以满足需求（如字段 c）。

字段 a：9223370594953975808 21069099 1

字段 b：9223370594953975807 21069099 12

字段 c：9223370594953975807 21069099 1200000000

在数据的读写过程中会时常发生热点问题，即数据分布不均匀。当客户端短时间内集中访问集群中的某个节点，大量访问会使单个区域（Region）超出自身负载能力，引起性能下降甚至该区域不可用。因此，设计行键时，可以将关税号（上述第 2 部分）调至时间（上述第 1 部分）前面，利用关税号分布的随机性，在创建表时进行预分区，可基本上避免数据热点问题，以提高数据添加速度。例如，一个行键由以下三个部分组成：

12345678	9223370594953975807	1200000000
关税号	Long 类型最大值——毫秒级时间印	补齐 10 位的 serialID 值

用以下命令对 Table 进行预分区，分为 5 个 Region，添加数据时会根

据行键的开头数字均匀地插入到 5 个 Region 中。

```
Create 'table', 'cf', SPLITS => ['2', '4', '6', '8', '0']
```

但这样设计会使数据在数据库中优先按关税号顺序保存，而在实际应用需求中，类似系统一般会以时间印为第一优先进行排序。因此，行键的设计要考虑具体的需求，也要对系统的查询和插入性能有所权衡。

9.2.3　系统所基于的体系结构与组件配置

本系统采用 Ubuntu 16.04 系统，构建三个节点，集群信息如表 9.3 所示。软件开发版本为 Hadoop 2.7.5，HBase 1.2.6，JDK1.8，Tomcat9.0，ZooKeeper3.4.10。开发工具为 Intellij IDEA 2017.1.2。

表 9.3　本实践项目的集群配置

节点	配置	备注
Master（TX）	6G RAM，2 core processors	既作为 HBase 的主节点，又作为一个数据节点
Slave1	3G RAM，1 core processor	
Slave2	3G RAM，1 core processor	

这里借助图 9.2（即是技术篇的图 4.2），清晰地说明本实践项目所基于的硬件平台体系结构与组件的关系。

为了实现不同节点间的通信，使 HBase 与 HDFS 正常运行，需要配置和修改以下几个组件的参数。

（1）修改 Zookeeper 配置。$Zookeeper /conf/zoo.cfg 配置信息如下。添加集群中节点的通信端口实现端口间的通信。3888 是默认选举端口（Zookeeper 通过这个选举端口进行 Leader 选举过程中的投票通信），2888 是服务端内部通信的默认端口。

```
tickTime=2000; initLimit=10; syncLimit=5; dataDir=/usr/local/
zookeeperdate; clientPort=2181; #默认
server.1=0.0.0.0: 2888: 3888; server.2=slave1: 2888: 3888;
server.3=slave2: 2888: 3888
```

修改 Hadoop 配置：

① 修改$Hadoop/etc/hadoop/hdfs-site.xml 内容如下：

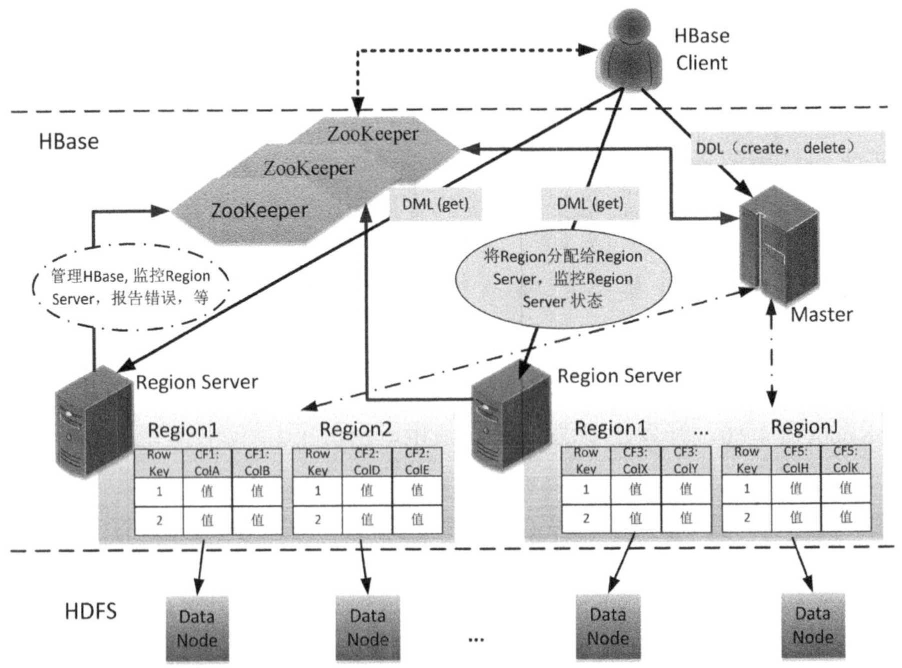

图 9.2　HBase 的系统结构

HBase 的系统结构（扫码查看彩图）

```
<configuration>
    <property>
        <name>dfs.replication</name>
        <value>2</value>
        <description>配置文件块的副本数</description>
    </property>
    <property>
        <name>dfs.namenode.name.dir</name>
        <value>file：/usr/local/hadoop/hdfs/name</value>
        <final>true</final>
        <description>配置 namenode 目录</description>
```

```
    </property>
    <property>
        <name>dfs.datanode.data.dir</name>
        <value>file: /usr/local/hadoop/hdfs/data</value>
        <final>true</final>
        <description>配置 datanode 目录</description>
    </property>
    <property>
        <name>dfs.namenode.secondary.http-address</name>
        <value>TaoXiao: 9001</value>
        <description>配置 hdfs 备用路径</description>
    </property>
</configuration>
```

② 修改$Hadoop/etc/hadoop/core-site.xml 内容如下：

```
<configuration>
    <property>
        <name>hadoop.tmp.dir</name>
        <value>file: /usr/local/hadoop/hdfs/tmp</value>
        <description>作为文件临时存储目录</description>
    </property>
    <property>
        <name>io.file.buffer.size</name>
        <value>131072</value>
        <description>设置一个文件块的大小</description>
    </property>
    <property>
        <name>fs.defaultFS</name>
        <value>hdfs: //TaoXiao: 9000</value>
        <description>设置 hdfs 目录</description>
    </property>
    <property>
        <name>ha.zookeeper.quorum</name>
```

```
        <value>TaoXiao: 2181, slave1: 2181, slave2: 2181</value>
        <description>配置 zookeeper 集群信息</description>
    </property>
</configuration>
```

③ 修改$Hadoop/etc/hadoop/slaves 内容如下（若没有该文件则自行创建）:

```
slave1
slave2
```

（2）修改 HBase 配置信息。

① 添加环境变量后，修改$HBase_HOME/conf/hbase-env.sh，修改内容如下：

```
export JAVA_HOME=/usr/local/jdk
export HBase_MANAGES_ZK=false
```

默认为使用 HBase 自带的 zookeeper 管理。

② 修改$HBase_HOME/conf/hbase-site.xml，修改内容如下：

```
<configuration>
    <property>
        <name>hbase.rootdir</name>
        <value>hdfs: //TaoXiao: 9000/hbase</value>
        <description>配置 hbase 数据文件路径</description>
    </property>
    <property>
        <name>hbase.cluster.distributed</name>
        <value>true</value>
        <description>设置 true，即为分布式集群</description>
    </property>
    <property>
        <name>hbase.zookeeper.property.dataDir</name>
        <value>/usr/local/zookeeperdate</value>
        <description>集群配置快照的存储位置</description>
    </property>
    <property>
        <name>hbase.master</name>
```

```
            <value>hdfs: //TaoXiao: 60000</value>
            <description>Master 的端口号</description>
    </property>
    <property>
            <name>hbase.master.info.port</name>
            <value>60010</value>
            <description> Master web 界面端口</description>
    </property>
    <property>
            <name>hbase.zookeeper.quorum</name>
            <value>TaoXiao, slave1, slave2</value>
            <description>配置集群的 URL</description>
    </property>
</configuration>
```

③ 修改$HBase_HOME/conf/regionservers，修改内容如下：

```
TX
slave1
slave2
```

启动时 HBase 首先在三个节点上分别运行 Zookeeper 服务，然后在主节点上依次打开 Hadoop 和 HBase 服务。运行成功的主节点上应有以下进程，如图 9.3 所示。

```
hadoop@TaoXiao:~$ jps
13552 HRegionServer
9187 ResourceManager
8037 QuorumPeerMain
9014 SecondaryNameNode
8776 NameNode
13833 Jps
13385 HMaster
```

图 9.3　主节点进程

9.2.4　货物进口管理 HBase 数据库系统实现

1. 构建 HBase 数据表并装载数据

（1）创建两张表，分别为 Aigoods_import 表和 statistics 表，执行以下

命令：

```
Create 'Aigoods_import', 'i', 'ci'
Create 'statistics', 'cf'
```

（2）采用批处理的方式加载数据，Java 代码结构如下：

```
List<Row> list = new ArrayList<>();
//每次批添加数据 4 万条，多次批添加
if (num % 40000 == 0) {
    Object[] result = new Object[list.size()];
    table.batch(list, result);
    list.clear();
    System.out.println(num);
}
Put put = new Put(RowKey);     // 设置 rowkey
put.addColumn(Bytes.toBytes("ci"), Bytes.toBytes("quantity_
    type"), Bytes.toBytes(r.get("quantity_type")))
list.add(put);
……//添加其他列信息
```

（3）在命令行中输入 hbase shell 进入 HBase 界面，输入 describe 'Aigoods_import'查看表结构信息，如图 9.4 所示。其中涉及的表结构属性说明[1]如表 9.4 所示。

```
hbase(main):002:0> describe 'Aigoods_import'
Table Aigoods_import is ENABLED
Aigoods_import
COLUMN FAMILIES DESCRIPTION
{NAME => 'ci', BLOOMFILTER => 'ROW', VERSIONS => '1', IN_MEMORY => 'false', KEEP_DELETED_CELLS => 'F
ALSE', DATA_BLOCK_ENCODING => 'NONE', TTL => 'FOREVER', COMPRESSION => 'NONE', MIN_VERSIONS => '0',
BLOCKCACHE => 'true', BLOCKSIZE => '65536', REPLICATION_SCOPE => '0'}
{NAME => 'i', BLOOMFILTER => 'ROW', VERSIONS => '1', IN_MEMORY => 'false', KEEP_DELETED_CELLS => 'FA
LSE', DATA_BLOCK_ENCODING => 'NONE', TTL => 'FOREVER', COMPRESSION => 'NONE', MIN_VERSIONS => '0', B
LOCKCACHE => 'true', BLOCKSIZE => '65536', REPLICATION_SCOPE => '0'}
2 row(s) in 0.0810 seconds
```

图 9.4　Aigoods_import 表结构及其信息

表 9.4　表信息字段说明

字　段	说　明
BLOOMFILTER	设置布隆过滤器
VERSIONS	设置保存的版本数
IN_MEMORY	设置激进缓存
KEEP_DELETED_CELLS	设置删除数据是否可见

续表

字　段	说　明
DATA_BLOCK_ENCODING	数据压缩编码
TTL	限定数据的超时时间
COMPRESSION	设置压缩算法
BLOCKCACHE	数据块缓存属性
BLOCKSIZE	设置 HFile 数据块大小（默认 64 kb）
REPLICATION_SCOPE	HBase 集群备份数量

2. HBase 数据库维护

（1）添加和修改数据。

添加一条 RowKey 为‘12345678’的数据，货物描述为‘wood’，命令如图 9.5 所示。

```
hbase(main):001:0> put 'Aigoods_import','12345678','ci:description_of_goods','wood'
0 row(s) in 0.0100 seconds
```

图 9.5　添加数据命令

这里只添加了一列数据。注意：HBase 列是稀疏的并且空列不占用空间。

HBase 的修改和增加都是 put 操作，因为修改不会覆盖原数据，只是在原有数据行上新加了一条时间印不同的数据。

（2）删除数据。

使用 delete 命令删除新添加数据中的 ci：description_of_goods 列，命令如图 9.6 所示。

```
hbase(main):005:0> delete 'Aigoods_import', '12345678','ci:description_of_goods'
0 row(s) in 0.0100 seconds
```

图 9.6　delete 命令

使用 deleteall 命令删除一整行数据，命令如图 9.7 所示。

```
hbase(main):006:0> deleteall 'Aigoods_import', '12345678'
0 row(s) in 0.0040 seconds
```

图 9.7　deleteall 命令

3. 港口货物进口信息查询功能

（1）使用 get 命令查询一条数据。以查询某一 RowKey 下的货物数量为例，命令如图 9.8 所示。

```
hbase(main):001:0> get 'Aigoods_import', '92233705949539758072106909941451610000','ci:quantity'
COLUMN                  CELL
 ci:quantity            timestamp=1541302170391, value=2520
1 row(s) in 0.2380 seconds
```

图 9.8　一个简单的查询操作

（2）限定范围查询。因为 Aigoods_import 表中数据是大量的，查询时若将全部数据输出会花费大量时间，使用者可限制行键范围输出部分想要的数据。使用 start_row 和 stop_row 可过滤输出，如图 9.9 所示。这里查询的是某一相同关税号和时间下的全部记录。

```
hbase(main):002:0> scan 'Aigoods_import', {STARTROW=>'92233705949539758072106909941451610000', STOPRO
W=>'922337059495397580721069099942'}
ROW                        COLUMN+CELL
 9223370594953975807210690 column=ci:description_of_goods, timestamp=1541302170391, value=TANG ORANG
 994145161000              E JAR 750GR
 9223370594953975807210690 column=ci:quantity, timestamp=1541302170391, value=2520
 994145161000
 9223370594953975807210690 column=ci:quantity_desc, timestamp=1541302170391, value=UNITS
 994145161000
 9223370594953975807210690 column=ci:quantity_type, timestamp=1541302170391, value=M
 994145161000
 9223370594953975807210690 column=ci:unit_quantity_code, timestamp=1541302170391, value=UNT
 994145161000
```

图 9.9　限制命令行范围查询

（3）条件查询。数据库的条件查询是数据管理的常用方法，HBase 没有提供类似 SQL 的属性查询方法，但提供了过滤器（filter）命令，用户可以使用内置的各种过滤器或自定义的过滤器，完成条件查询任务。

为了在命令行中使用过滤器查询，应在使用过滤器前导入相应的包。命令如下：

```
import org.apache.hadoop.hbase.filter.CompareFilter
import org.apache.hadoop.hbase.filter.SingleColumnValueFilter
import org.apache.hadoop.hbase.filter.SubstringComparator
```

以查询进口记录中货物来源国家为“CHINA”的记录为例，这个查询例子需要应用“列值过滤器”（SingleColumnValueFilter）。命令和查询结果如图 9.10 所示。

```
hbase(main):003:0> import org.apache.hadoop.hbase.filter.CompareFilter
=> Java::OrgApacheHadoopHbaseFilter::CompareFilter
hbase(main):004:0> import org.apache.hadoop.hbase.filter.SingleColumnValueFilter
=> Java::OrgApacheHadoopHbaseFilter::SingleColumnValueFilter
hbase(main):005:0> import org.apache.hadoop.hbase.filter.SubstringComparator
=> Java::OrgApacheHadoopHbaseFilter::SubstringComparator
hbase(main):006:0> scan 'Aigoods_import', {COLUMNS => 'i:port_or_country_of_origin', FILTER => Singl
eColumnValueFilter.new(Bytes.toBytes('i'), Bytes.toBytes('port_or_country_of_origin'), CompareFilter
::CompareOp.valueOf('EQUAL'), Bytes.toBytes('CHINA'))}
ROW                          COLUMN+CELL
 9223370594953975807252330 column=i:port_or_country_of_origin, timestamp=1541302175919, value=CHINA
 004124961000
 9223370594953975807271019 column=i:port_or_country_of_origin, timestamp=1541302175919, value=CHINA
 304124302000
 9223370594953975807271311 column=i:port_or_country_of_origin, timestamp=1541301849740, value=CHINA
 004167563000
 9223370594953975807280469 column=i:port_or_country_of_origin, timestamp=1541301849740, value=CHINA
 004168821000
 9223370594953975807283524 column=i:port_or_country_of_origin, timestamp=1541301849740, value=CHINA
 004167615000
 9223370594953975807284690 column=i:port_or_country_of_origin, timestamp=1541301849740, value=CHINA
 904150709000
```

图 9.10 使用“列值过滤器”的查询命令和查询结果

这条命令很长，是类似 JavaAPI 的写法，可简写为：

```
scan 'Aigoods_import', {FILTER =>
"SingleColumnValueFilter（'i', 'port_or_country_of_origin', =,
'binary: CHINA'）"}
```

再举一个采用“行值过滤器”（RowFilter）查询关税号为 21069099 的货物进口记录的例子。注意，进行串匹配时，比较器只能使用 EQUAL，即“=”。命令和查询结果如图 9.11 所示。

```
hbase(main):002:0> scan 'Aigoods_import', {FILTER => "RowFilter(=,'substring:21069099')"}
ROW                          COLUMN+CELL
 9223370594953975807210690 column=ci:description_of_goods, timestamp=1541302170391, value=TANG ORANG
 0994145161000              E JAR 750GR
 9223370594953975807210690 column=ci:quantity, timestamp=1541302170391, value=2520
 0994145161000
 9223370594953975807210690 column=ci:quantity_desc, timestamp=1541302170391, value=UNITS
 0994145161000
 9223370594953975807210690 column=ci:quantity_type, timestamp=1541302170391, value=M
 0994145161000
 9223370594953975807210690 column=ci:unit_quantity_code, timestamp=1541302170391, value=UNT
 0994145161000
```

图 9.11 使用“行值过滤器”的查询命令和查询结果

（4）组合条件查询。

在 HBase Shell 中，可用 AND 将多个过滤器连接，进行组合条件查询。例如，用组合条件查询来自“CHINA”价值超过“1000RB”的“EARRINGS”相关货物，命令和查询结果如图 9.12 所示。

```
hbase(main):001:0> scan 'Aigoods_import', {FILTER => "(SingleColumnValueFilter('i','port_or_country
_of_origin',=,'binary:CHINA')) AND (SingleColumnValueFilter('ci','description_of_goods',=,'substring
:EARRINGS')) AND (SingleColumnValueFilter('ci','value_of_goods_in_rb',>=,'binary:1000'))"}
ROW                          COLUMN+CELL
 9223370595040375807392640 column=ci:description_of_goods, timestamp=1541301801722, value=ITEM CODE
 194034254000              4834 EARRINGS PLASTIC,WOMEN'S (BRAND CLAIRE'S)
 9223370595040375807392640 column=ci:quantity, timestamp=1541301801722, value=144
 194034254000
 9223370595040375807392640 column=ci:quantity_desc, timestamp=1541301801722, value=PIECES
 194034254000
 9223370595040375807392640 column=ci:quantity_type, timestamp=1541301801722, value=M
 194034254000
 9223370595040375807392640 column=ci:unit_quantity_code, timestamp=1541301801722, value=PCS
 194034254000
```

图 9.12 组合查询语句和查询结果

（5）模糊查询。

查询货物描述中包含“PHONE”的记录，命令和查询结果如图 9.13 所示。

```
hbase(main):001:0> scan 'Aigoods_import',  {FILTER => "SingleColumnValueFilter('ci','description_of_goods',=,'substring:PHONE')"}
ROW                         COLUMN+CELL
 12345                      column=ci:quantity, timestamp=1550581432771, value=10
 9223370594953975807391990  column=ci:description_of_goods, timestamp=1541301849740, value=GH68-11057
 104150797000               A LABEL(P)-MS BAR CODE;COMM,ART,T0.1,155,1 (FOR MOBILE PHONE FOR CAPTIVE
                            CONSUMPTION)
 9223370594953975807391990  column=ci:quantity, timestamp=1541301849740, value=865
 104150797000
```

图 9.13 模糊查询命令和查询结果

（6）HBase 过滤器表。

HBase 提供了 23 个内置过滤器[2]（附件 2），可以完成简单条件查询、组合条件查询、模糊查询等常用数据管理和处理任务。常用过滤器如表 9.5 所示。

表 9.5 HBase 查询中常用的过滤器

过滤器名称	功 能
SingleColumnValueFilter	指定需要进行过滤单元值的列
RowFilte	对行键进行过滤
PrefixFilter	行的前缀匹配
ColumnPrefixFilter	列的前缀匹配
PageFilter	基于行进行分页

9.3 基于 Web 浏览器的 HBase 数据访问可视化

HBase 既不支持 SQL 语句，也没有如 Hive 一样提供类 SQL 语句——HQL。9.2 节讨论了基于命令行的数据管理和查询任务实现。本节讨论用户友好的数据访问和结果可视化的系统平台技术，该技术帮助用户简单容易地使用基于 HBase 的数据管理系统。这样的用户界面通过 Java API 与 HBase 操作命令组合编程来实现。

本系统的 Web 端一共有两个页面，分别为主页和条件查询页。主页面展示简单的数据查询结果及图表，提供全部数据的分页查询，HBase 数据库的增、删、改功能。条件查询页提供条件查询、模糊查询等功能。

9.3.1　主页功能设计与实现

1. 查询并统计

图 9.14 展示了某数据查询结果的示例。由于数据集中的最新数据是 2015 年 9 月 1 日至 11 日的，图表中显示了这部分最新数据。

数据查询算法步骤如下（详细代码见附件 3）：

（1）创建 HBase 连接：

```
connection ConnectionFactory.createConnection（config）;
```

（2）创建 HBase scan 并设置条件。

（3）执行 scan 操作：

```
ResultScanner rs = table.getScanner（scan）;
```

（4）对结果进行统计。

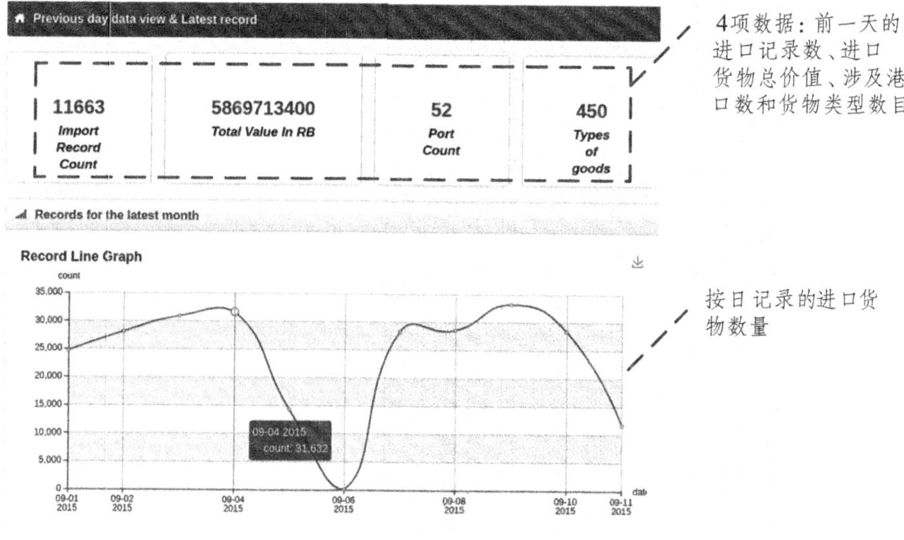

图 9.14　数据统计页面

数据统计页面（扫码查看彩图）

2. 分页查询和数据维护

在主页中的数据总览部分，通过分页查询实现。点击 Add a record 可添加一条新的数据，如图 9.15 和图 9.16 所示。

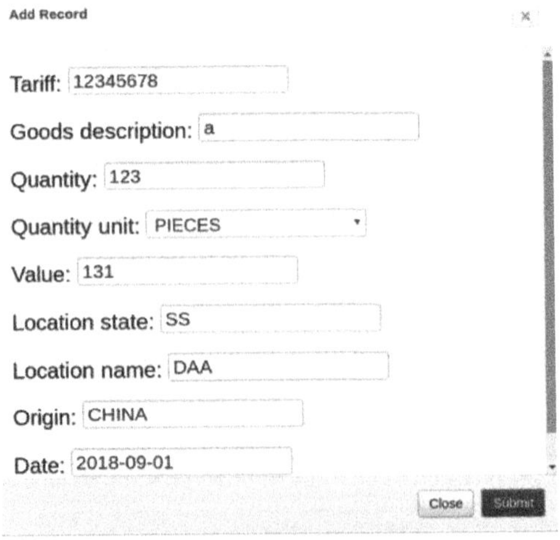

图 9.15 添加数据页面

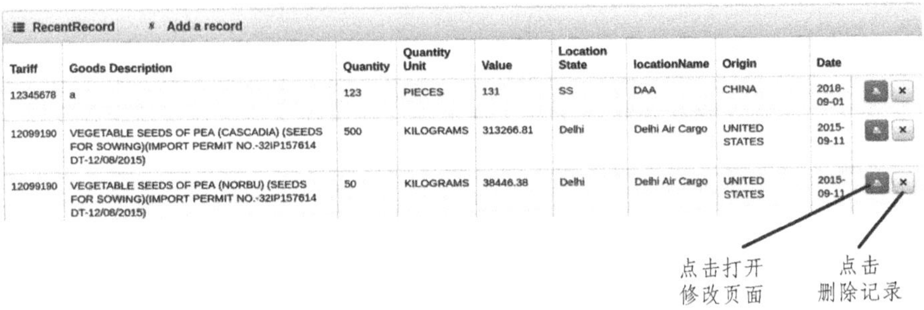

图 9.16 添加数据后的数据总览页面

分页查询算法步骤如下（详细代码见附件 3）：

（1）获取总页数和所需查询的页数。

（2）设置所查询页面的第一行记录的行键为 startRow。

（3）执行 HBase scan 操作。

（4）返回查询结果的前 20 条数据即为当前页面数据。

9.3.2 查询页面功能的设计与实现

（1）条件查询。

条件查询过程如下（详细代码见附件 3）：

① 创建 HBase 连接。

② 创建过滤器列表：

```
List<Filter> filterList = new ArrayList<> ( );
```

③ 添加条件：

```
filterList.add ( filter );
```

④ 设置过滤器：

```
scan.setFilter ( filters );
```

⑤ 调用 HBase Scan 操作。

（2）提供了基于 HBase 数据库的多条件的组合查询，条件输入界面如图 9.17 所示。

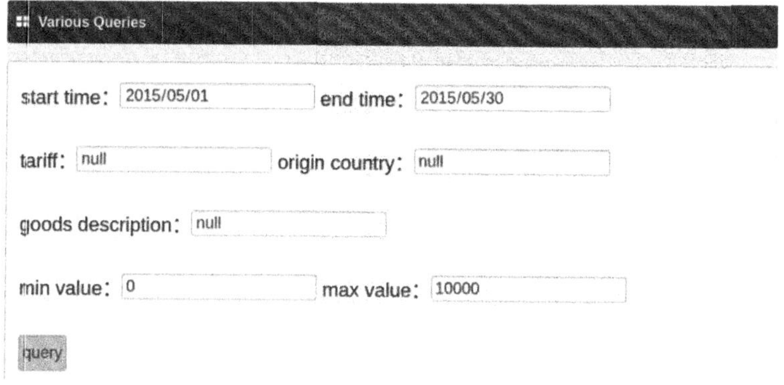

图 9.17　条件输入页面

输入并查询 2015 年 5 月 1 日至 2015 年 5 月 30 日的数据，结果如图 9.18 所示。

Table

Tariff	Goods Description	Quantity	Quantity Unit	Value	Location State	locationName	Origin	Date
39232100	PE BAG (FOR SALORA BRAND MOBILE PHONE)	150	PIECES	100.15	Delhi	Delhi Air Cargo	CHINA	2015-05-30
39232990	POLYBAG,ACCESSORIES,240X220MM,LOCKING,KN (1300013278) (QTY.: 16 PCS) COMPONENTS FOR LCD	0.172	KILOGRAMS	1.98	Maharashtra	Nhava Sheva Sea	CHINA	2015-05-30
39269099	PLASTIC VIAL COVER(PARTS FOR SURVEYING INSTRUMENTS)	5	PIECES	100.66	Delhi	Delhi Air Cargo	UNITED STATES	2015-05-30
73181500	10001923 SCREW DIN 84 M 4X20-4.8-A2C(COMPONENTS FOR CONSTRACTION MACHINERY)	2	PIECES	1.46	Tamilnadu	Chennai Sea	GERMANY	2015-05-30
73181500	10001923 SCREW DIN 84 M 4X20-4.8-A2C(COMPONENTS FOR CONSTRACTION MACHINERY)	2	PIECES	1.46	Tamilnadu	Chennai Sea	GERMANY	2015-05-30
73181600	NUT ISO 4032 M 6 - 8 - FZB PART NO. 60009869 FOR WIND TURBINE GENERATORS (16 PCS)	0.04	KILOGRAMS	10.49	Tamilnadu	Chennai Sea	DENMARK	2015-05-30
73181600	NUT HEX ISO 4032 M8 8 tZn PART NO. 60035064 FOR WIND TURBINE GENERATORS (13 PCS)	0.065	KILOGRAMS	10.49	Tamilnadu	Chennai Sea	DENMARK	2015-05-30

图 9.18　根据时间范围条件进行查询

保持上述条件，输入关税号为 73181600 的进口记录，结果如图 9.19 所示。

Table

Tariff	Goods Description	Quantity	Quantity Unit	Value	Location State	locationName	Origin	Date
73181600	NUT ISO 4032 M 6 - 8 - FZB PART NO. 60009869 FOR WIND TURBINE GENERATORS (16 PCS)	0.04	KILOGRAMS	10.49	Tamilnadu	Chennai Sea	DENMARK	2015-05-30
73181600	NUT HEX ISO 4032 M8 8 tZn PART NO. 60035064 FOR WIND TURBINE GENERATORS (13 PCS)	0.065	KILOGRAMS	10.49	Tamilnadu	Chennai Sea	DENMARK	2015-05-30
73181600	10001230 NUT DIN 934 M4-8-A2C(COMPONENTS FOR CONSTRACTION MACHINERY)	2	PIECES	0.73	Tamilnadu	Chennai Sea	GERMANY	2015-05-30
73181600	HEX NUT (600850) (1 PCS) (PARTS FOR INJECTION MOLDING SYSTEMS)	0.01	KILOGRAMS	1.45	Tamilnadu	Chennai Air Cargo	LUXEMBOURG	2015-05-28
73181600	NUT,FLANGE,10MM 94050-10080 (AUTOMOBILE COMPONENTS FOR HONDA CR-V CAR FOR CAPTIVE CONSUMPTION)	60	PIECES	100.68	Uttar Pradesh	Dadri-ACPL CFS	JAPAN	2015-05-26
73181600	90174T002200 NUT WELD	1500	PIECES	1000.35	TAMILNADU	KATTUPALLI VILLAGE,PONNERI TALUK,TIRUVALLUR	THAILAND	2015-05-25

图 9.19 时间+关税号查询结果

接着，输入货物来源为“THAILAND”的进口记录，结果如图 9.20 所示。

Overview

Various Queries

Instruction: Import records of ports in Ai form 2015.05 to 2015.09

start time：2015/05/01 end time：2015/05/30

tariff：73181600 origin country：THAILAND

goods description：null

min value：0 max value：10000

query

Table

Tariff	Goods Description	Quantity	Quantity Unit	Value	Location State	locationName	Origin	Date
73181600	90174T002200 NUT WELD	1500	PIECES	1000.35	TAMILNADU	KATTUPALLI VILLAGE,PONNERI TALUK,TIRUVALLUR	THAILAND	2015-05-25
73181600	90178T0001 - NUT FLANGE	1	PIECES	1.32	Karnataka	Bangalore	THAILAND	2015-05-18
73181600	90170T0010 - NUT, HEXAGON	1	PIECES	10.56	Karnataka	Bangalore	THAILAND	2015-05-18

图 9.20 时间+关税号+来源国查询结果

（3）模糊查询。

查询货物描述中含有“HEXAGON”（六角螺母）的进口记录，结果如图 9.21 所示。

Table

Tariff	Goods Description	Quantity	Quantity Unit	Value	Location State	locationName	Origin	Date
73181600	90170T0010 - NUT, HEXAGON	1	PIECES	10.56	Karnataka	Bangalore	THAILAND	2015-05-18
73181600	90170T0001 - NUT, HEXAGON	1	PIECES	10.35	Karnataka	Bangalore	THAILAND	2015-05-11

图 9.21 时间+关税号+来源国+货物描述的查询结果

查询货物价值在 10 000 RB 及以上的记录，输入 min value 为 10 000，将其他条件重置为 null，输出结果如图 9.22 所示。

Table

Tariff	Goods Description	Quantity	Quantity Unit	Value	Location State	locationName	Origin	Date
90041000	0RB4165 SUNGLASSES WITH CASE - PRE-PACKED INTENDED FOR RETAIL SALE	60	NUMBER	100000	Delhi	Delhi Air Cargo	ITALY	2015-09-11
91021100	QUARTZ ANALOGUE WATCHES (19261) I-FORCE MEN 45MM STAINLESS STEEL GOLD BROWN (FOR MEN)(BRANDS:INVICTA)	3	PIECES	10000.87	Delhi	Delhi Air Cargo	CHINA	2015-09-09
85369090	TERMINAL FOR AMP MCP 6.3/4.8K CONTACT SWS (CONNECTION & CONTACT ELEMENT FOR WIRE & CABLE) (FOR CAPTIVE CONSUMPTION)	4500	PIECES	10000	Delhi	Delhi Air Cargo	KOREA,REPUBLIC OF	2015-09-08
95030090	TOYS CAR 767-A10 (TOYS)	300	PIECES	10000.13	Maharashtra	Nhava Sheva Sea	CHINA	2015-09-04
62044400	$1075688 MANGO WOMAN DRESS 100% VISCOSE	6	PIECES	10000.4	Delhi	Delhi Air Cargo	TURKEY	2015-09-03
85369090	PLC-BPT-24DC/21 (CONNECTOR) INDUSTRIAL USE ONLY	100	PIECES	10000.9	Delhi	Delhi Air Cargo	GERMANY	2015-09-03
87082900	7305526 RH FNSHR B-PILLAR LWR VENETOBEIGE	24	NUMBER	10000.2	Tamilnadu	Chennai Sea	GERMANY	2015-09-03
84832000	BEARING (SPARE PARTS FOR ROVEMA PACKAGING MACHINE)	2	PIECES	10000.09	Maharashtra	Bombay Air Cargo	GERMANY	2015-08-29
73079290	H23515012721 RING PRESSURE SLEEVE (58 PCS)	0.1056	KILOGRAMS	10000.06	Maharashtra	Bombay Air Cargo	GERMANY	2015-08-28
87081090	SELF BENDEX EICHER TRACTOR (AUTO PARTS)	344	PIECES	100000.4	Delhi	Tughlakabad	CHINA	2015-08-28

图 9.22　限定价值范围的查询结果

参考资料

[1] 马延辉,孟鑫,李立松. HBase 企业应用开发实战[M]. 北京:机械工业出版社,2014.

[2] Xiaohei. info-CSDN 博客. HBase 概览. 2016-07-20. https://blog.csdn.net/qq1010885678/article/details/51967545.（2019-02-20 访问）

附件 1　ASCII 码表（基本表）

Dec （十进制）	Hx （十六进制）	Oct （八进制）	Char (Description)	
0	0	000	NUL	(null)
1	1	001	SOH	(start of heading)
2	2	002	STX	(start of text)
3	3	003	ETX	(end of text)
4	4	004	EOT	(end of transmission)
5	5	005	ENQ	(enquiry)
6	6	006	ACK	(acknowledge)
7	7	007	BEL	(bell)
8	8	010	BS	(backspace)
9	9	011	TAB	(horizontal tab)
10	A	012	LF	(line feed, new line)
11	B	013	VT	(vertical tab)
12	C	014	FF	(form feed, new page)
13	D	015	CR	(carriage return)
14	E	016	SO	(shift out)
15	F	017	SI	(shift in)
16	10	020	DLE	(data link escape)
17	11	021	DC1	(davice control 1)
18	12	022	DC2	(davice control 2)
19	13	023	DC3	(davice control 3)
20	14	024	DC4	(davice control 4)
21	15	025	NAK	(negative acknowledge)
22	16	026	SYN	(synchronous idle)
23	17	027	ETB	(end of transmit block)
24	18	030	CAN	(cancel)
25	19	031	EM	(end of medium)
26	1A	032	SUB	(substitute)
27	1B	033	ESC	(escape)
28	1C	034	FS	(file separator)
29	1D	035	GS	(group separator)
30	1E	036	RS	(record separator)
31	1F	037	US	(unit separator)

续表

Dec（十进制）	Hx（十六进制）	Oct（八进制）	HTML	Chr
32	20	040		Space
33	21	041	!	!
34	22	042	"	"
35	23	043	#	#
36	24	044	$	$
37	25	045	%	%
38	26	046	&	&
39	27	047	'	‘
40	28	050	(	(
41	29	051	)	)
42	2A	052	*	*
43	2B	053	+	+
44	2C	054	,	,
45	2D	055	-	-
46	2E	056	.	.
47	2F	057	/	/
48	30	060	0	0
49	31	061	1	1
50	32	062	2	2
51	33	063	3	3
52	34	064	4	4
53	35	065	5	5
54	36	066	6	6
55	37	067	7	7
56	38	070	8	8
57	39	071	9	9
58	3A	072	:	:
59	3B	073	;	;
60	3C	074	<	<
61	3D	075	=	=
62	3E	076	>	>
63	3F	077	?	?
64	40	100	@	@
65	41	101	A	A
66	42	102	B	B
67	43	103	C	C
68	44	104	D	D
69	45	105	E	E
70	46	106	F	F
71	47	107	G	G
72	48	110	H	H
73	49	111	I	I
74	4A	112	J	J
75	4B	113	K	K
76	4C	114	L	L
77	4D	115	M	M
78	4E	116	N	N
79	4F	117	O	O
80	50	120	P	P
81	51	121	Q	Q
82	52	122	R	R
83	53	123	S	S
84	54	124	T	T
85	55	125	U	U
86	56	126	V	V
87	57	127	W	W
88	58	130	X	X
89	59	131	Y	Y
90	5A	132	Z	Z
91	5B	133	[	[
92	5C	134	\	\
93	5D	135	]	]
94	5E	136	^	^
95	5F	137	_	_
96	60	140	`	`
97	61	141	a	a
98	62	142	b	b
99	63	143	c	c

续表

Dec（十进制）	Hx（十六进制）	Oct（八进制）	HTML	Chr	Dec（十进制）	Hx（十六进制）	Oct（八进制）	HTML	Chr
100	64	144	d	d	114	72	162	r	r
101	65	145	e	e	115	73	163	s	s
102	66	146	f	f	116	74	164	t	t
103	67	147	g	g	117	75	165	u	u
104	68	150	h	h	118	76	166	v	v
105	69	151	i	i	119	77	167	w	w
106	6A	152	j	j	120	78	170	x	x
107	6B	153	k	k	121	79	171	y	y
108	6C	154	l	l	122	7A	172	z	z
109	6D	155	m	m	123	7B	173	{	{
110	6E	156	n	n	124	7C	174			|
111	6F	157	o	o	125	7D	175	}	}
112	70	160	p	p	126	7E	176	~	~
113	71	161	q	q	127	7F	177		DEL

附件 2 过滤器列表

过滤器名称	功 能
DependentColumnFilter	指定一个参考列或引用列来过滤其他列
FamilyFilter	对列族进行过滤
QualifierFilter	对列进行过滤
RowFilter	对行键进行过滤
ValueFilter	对单元格进行过滤
ColumnCountGetFilter	指定需要返回列的数量限制
ColumnPaginationFilter	基于列进行分页
ColumnPrefixFilter	列的前缀匹配
ColumnRangeFilter	设定列的范围进行匹配
FirstKeyOnlyFilter	只返回每一行的第一列
FirstKeyValueMatchingQualifiersFilter	只返回第一次扫描到的匹配列
FuzzyRowFilter	对 RowKey 进行模糊匹配
InclusiveStopFilter	扫描到指定行停止
KeyOnlyFilter	只返回 key 不返回 value
MultipleColumnPrefixFilter	可以指定多个列名前缀
PageFilter	针对行的分页过滤器
PrefixFilter	行键的前缀匹配
RandomRowFilter	随机过滤行
SingleColumnValueFilter	指定需要进行过滤单元值的列
SingleColumnValueExcludeFilter	根据指定的列值判断是否保留行
SkipFilter	包装过滤器，遇到符合的过滤整行
TimestampsFilter	只取指定时间戳
WhileMatchFilter	当遇到过滤器的条件时停止扫描

附件 3 HBase 实践项目可视化部分的参考代码

1. 记录折线图数据接口实现方法代码

```
public List<Map<Object, Object>> getChartsData ( String startTime,
String endTime ) throws IOException, ParseException {
        Map<String, Integer> apiMap = new TreeMap<> ( );
        config = HBaseConfiguration.create ( );
        connection = ConnectionFactory.createConnection ( config );

        Table table=connection.getTable( TableName.valueOf( "Aigoods_
        import" ));
        Scan scan = new Scan ( );
        Long date = 0L;
        //设置开始日期
        Calendar calendar = Calendar.getInstance ( );
        calendar.setTime( new SimpleDateFormat( "yyyy-MM-dd" ).parse
( startTime ));
        date = Long.MAX_VALUE - calendar.getTimeInMillis ( ) + 1;
        scan.setStopRow ( Bytes.toBytes ( String.valueOf ( date )));
        //设置结束日期
        calendar = Calendar.getInstance ( );
        calendar.setTime( new SimpleDateFormat( "yyyy-MM-dd" ).parse
( endTime ));
        date = Long.MAX_VALUE - calendar.getTimeInMillis ( );
        scan.setStartRow ( Bytes.toBytes ( String.valueOf ( date )));
        String dateS;
        ResultScanner rs = table.getScanner ( scan );
        //统计每天的进口记录数目
        for ( Result r: rs ) {
        dateS = Bytes.toString ( r.getValue ( Bytes.toBytes ( "i" ), Bytes.
toBytes ( "date" )));
```

```
        if (apiMap.containsKey(dateS)) {
            int tmp = apiMap.get(dateS);
            apiMap.put(dateS, ++tmp);
        } else {
            apiMap.put(dateS, 1);
        }
        }
        //构造返回接口数据
        List<Map<Object, Object>> list = new ArrayList<>();
        for (Map.Entry<String, Integer> entry: apiMap.entrySet()) {
            Map<Object, Object> apiMap2 = new HashMap<>();
            apiMap2.put("date", entry.getKey());
            apiMap2.put("value", entry.getValue());
            list.add(apiMap2);
        }
        return list;
}
```

2. 简单分页查询代码

```
for (int i = 0; i < pageNum;  i++) {
        try {
            //只处理最后一页数据
            if (i == pageNum - 1) {
                ResultScanner rs = table.getScanner(scan);
                if (rs == null) {
                    break;
                }
                int count = 0;
                for (Result r: rs) {
                    count++;
                    if (count==Page.pageSize + 1) {
                        startRow = new String(r.getRow());
                        scan.setStartRow(startRow.getBytes());
                        break;
```

```
            }
            Record record = new Record ( );
            ……//添加接口数据
            record.setRowkey( Bytes.toString( r.getRow( )));
            recordList.add ( record );

        }
        //获取总数
        int itemNum = 0;
        Get get = new Get ( Bytes.toBytes ( "ana_info" ));
        // 获取统计分析表中目前记录总行数
        Table table0 = connection.getTable ( TableName.
valueOf ( "statistics" ));
        Result result0 = table0.get ( get );
        itemNum = Integer.valueOf( Bytes.toString( result0.
getValue ( Bytes.toBytes ( "cf" ), Bytes.toBytes ( "count" ))));
        //总页数为总记录数/每页的容量
        long all = itemNum / Page.pageSize;
        if ( itemNum % Page.pageSize == 0 )  {
            page.setAll (( int ) all );
        } else {
            page.setAll (( int ) all + 1 );
        }
        if ( count < Page.pageSize )  {
            System.out.println ( "已经是最后一页" );
            rs.close ( );
            break;
        }
        rs.close ( );
    } else {
        int count = 0;
        ResultScanner rs = table.getScanner ( scan );
        for ( Result r: rs ) {
```

```
                    count++;
                    if (count==Page.pageSize + 1)  {
                        startRow = new String (r.getRow ( ));
                        scan.setStartRow (startRow.getBytes ( ));
                        break;
                    }
                }
                if (count < Page.pageSize)  {
                    rs.close ( );
                    break;
                }
                    rs.close ( );
                }
            } catch (Exception e)  {
            }
        }
```

3. 条件查询代码

```
    public RecordApi queryRec (Map map)  throws IOException {
        String queryType = map.get ("condition") .toString ( ) .trim ( );
        int pageNum = Integer.parseInt (map.get ("cur") .toString ( ));
        config = HBaseConfiguration.create ( );
        connection = ConnectionFactory.createConnection (config);
        String startRow;
        Page page = new Page ( );
        page.setCur (pageNum);
        List<Record> recordList = new ArrayList<> ( );
        Table table = connection.getTable (TableName.valueOf ("Aigoods_
import"));
        Scan scan = new Scan ( );
        List<Filter> filterList = new ArrayList<> ( );
        if (queryType.equals ("condition_query"))  {
            String startTime = map.get ("start_time") .toString ( ) .trim ( );
            String endTime = map.get ("end_time") .toString ( ) .trim ( );
```

```
        if ( !startTime.equals ( "null" ))  {
            Long date = 0L;
            try {
                Calendar calendar = Calendar.getInstance ( );
                calendar.setTime ( new  SimpleDateFormat ( "yyyy-MM-
dd" ) .parse ( startTime ));
                date = Long.MAX_VALUE-calendar.getTimeInMillis ( ) + 1;
            } catch ( Exception px )  {
                px.printStackTrace ( );
            }
            scan.setStopRow ( Bytes.toBytes ( String.valueOf ( date )));
        }
        if ( !endTime.equals ( "null" ))  {
            Long date = 0L;
            try {
                Calendar calendar = Calendar.getInstance ( );
                calendar.setTime ( new  SimpleDateFormat ( "yyyy-MM-
dd" ) .parse ( endTime ));
                date = Long.MAX_VALUE - calendar.getTimeInMillis ( );
            } catch ( Exception px )  {
                px.printStackTrace ( );
            }
            scan.setStartRow ( Bytes.toBytes ( String.valueOf ( date )));
        }
        if ( !map.get ( "tariff" ) .toString ( ) .trim ( ) .equals ( "null" ))  {
            //使用 RowFilter 对关税号进行正则匹配
            Filter filter = new RowFilter( CompareFilter.CompareOp. EQUAL,
new RegexStringComparator ( ".*" + map.get ( "tariff" ) . toString ( ) .trim ( )
+".*" ));
            filterList.add ( filter );
        }
        if ( !map.get ( "origin" ) .toString ( ) .trim ( ) .equals ( "null" )) {
            //使用 SingleColumnValueFilter 查找指定来源国的记录
```

```
            SingleColumnValueFilter filter = new SingleColumn ValueFilter
( "i".getBytes ( ), "port_or_country_of_origin".getBytes ( ),
            CompareFilter.CompareOp.EQUAL, new Substring
            Comparator ( map.get ( "origin" ) .toString ( ) .trim ( )));
            filter.setFilterIfMissing ( true );
            filter.setLatestVersionOnly ( true );
            filterList.add ( filter );
        }
        if ( !map.get ( "goodsDes" ) .toString ( ) .trim ( ) .equals ( "null" )) {
            //使用 SingleColumnValueFilter 模糊查询某一货物描述的记录
            SingleColumnValueFilter filter = new SingleColumnValueFilter
( "ci".getBytes ( ), "description_of_goods".getBytes ( ),
            CompareFilter.CompareOp.EQUAL, new SubstringComparator
            ( map.get ( "goodsDes" ) .toString ( ) .trim ( )));
            filter.setFilterIfMissing ( true );
            filter.setLatestVersionOnly ( true );
            filterList.add ( filter );
        }
        if ( !map.get ( "start_money" ) .toString ( ) .trim ( ) .equals ( "null" )) {
            //设置货物价值最小值
            SingleColumnValueFilter filter = new SingleColumnValueFilter
( "ci".getBytes ( ), "value_of_goods_in_rb".getBytes ( ),
            CompareFilter.CompareOp.GREATER_OR_EQUAL , Bytes.
toBytes ( map.get ( "start_money" ) .toString ( ) .trim ( )));
            filter.setFilterIfMissing ( true );
            filter.setLatestVersionOnly ( true );
            filterList.add ( filter );
        }
        if ( !map.get ( "end_money" ) .toString ( ) .trim ( ) .equals ( "null" )) {
            //设置货物价值最大值
            SingleColumnValueFilter filter = new SingleColumnValueFilter
( "ci".getBytes ( ), "value_of_goods_in_rb".getBytes ( ),
            CompareFilter.CompareOp.LESS_OR_EQUAL , Bytes.toBytes
```

```
(map.get ("end_money") .toString () .trim ()));
            filter.setFilterIfMissing (true);
            filter.setLatestVersionOnly (true);
            filterList.add (filter);
        }
    }
    if (filterList.size () > 0) {
        FilterList filters = new FilterList (filterList);
        scan.setFilter (filters);
    }

    //分页查询结果
    ……
    connection.close ();
    config.clear ();
    return new RecordApi (recordList, page);
}
```